施工项目冲突管理与绩效改善——基于治理理论的视角

唐冰松　著

U0379941

东南大学出版社
SOUTHEAST UNIVERSITY PRESS
·南京·

图书在版编目(CIP)数据

施工项目冲突管理与绩效改善：基于治理理论的视角 / 唐冰松著. — 南京：东南大学出版社，2022.10
ISBN 978-7-5766-0258-6

Ⅰ. ①施… Ⅱ. ①唐… Ⅲ. ①建筑施工－项目管理－研究 Ⅳ. ①TU712.1

中国版本图书馆 CIP 数据核字(2022)第 183137 号

责任编辑：魏晓平　责任校对：咸玉芳　封面设计：毕真　责任印制：周荣虎

施工项目冲突管理与绩效改善——基于治理理论的视角
Shigong Xiangmu Chongtu Guanli Yu Jixiao Gaishan—Jiyu Zhili Lilun De Shijiao

著　　者：唐冰松
出版发行：东南大学出版社
社　　址：南京市四牌楼 2 号(邮编：210096)
经　　销：全国各地新华书店
印　　刷：广东虎彩云印刷有限公司
开　　本：700 mm×1000 mm　1/16
印　　张：13
字　　数：262 千字
版　　次：2022 年 10 月第 1 版
印　　次：2022 年 10 月第 1 次印刷
书　　号：ISBN 978-7-5766-0258-6
定　　价：58.00 元

本社图书若有印装质量问题，请直接与营销部联系。电话(传真)：025-83791830

序

　　冲突现象无处不在,任何社会成员在不同组织内都会碰到各种各样的冲突。建设工程项目具有规模大、工期长、风险大、参与方众多等特点更易产生冲突。各类冲突贯穿于整个项目的各个阶段、各个层面,并且具有多样性、复杂性、关联性和耦合性。建设项目的冲突会降低信任和尊重,导致信息和沟通的障碍,最终降低组织的绩效。正如作者在书中所言"项目成败,唯冲突管理也"。工程项目的成败取决于项目冲突管理的成效。

　　该书是作者多年从事项目冲突管理研究的提炼总结,研究课题来源于作者多年来的工程实践,研究内容接地气,并具有较强的学术价值。

　　从书中的各个章节来看,各章节安排合理,衔接紧凑。本书从治理理论的角度出发,研究了冲突治理与管理的一般性框架,给出了冲突从发起、自我管理与他人管理的内在逻辑,令人印象深刻。经过多年的实践以及教学科研工作,作者对项目冲突管理有了较为深刻的认识。

　　从学科的角度看,当前在工程管理学科,研究项目冲突管理领域的学术著作成果较为少见,本书的出版无疑丰富了项目管理的研究内容,是近年来项目冲突管理领域中的一部重要著作。该书的出版将为推动学科发展提供新的助力。

　　作者深耕该领域多年,希望作者能够潜心研究,继续推出与项目冲突有关的成果,为工程管理学科做出新的贡献。

教授/博士生导师

东南大学土木工程学院

2022 年 10 月 22 日

前　　言

工程项目在施工阶段不确定因素繁多,各方利益纠葛复杂,矛盾冲突易集中爆发。施工阶段的冲突不仅威胁各方实际利益,还会对工程项目产生不容忽视的负面影响。某种程度上,项目成败取决于施工阶段的冲突管理水平。因此,研究施工阶段的冲突发生发展,无论对参建各方还是项目本身,意义重大。

此前关于施工阶段冲突管理方面的研究大多停留在定性描述阶段,定量研究甚少。从学术研究角度看,参考的价值意义有限。为了进一步深入研究冲突发生发展的内在逻辑,本书从治理理论出发,建立一个以冲突治理—管理—项目绩效为基本思路的研究框架。从冲突的合同治理和关系治理出发,揭示两个治理手段对冲突管理结果的影响。冲突管理重在各方的行为决策,研究结果表明合同与关系两个因素对参建各方的应对行为的影响是显著的。从冲突管理结果来看,项目绩效深受冲突管理决策的影响。总之,项目绩效的表现取决于冲突治理水平,科学合理的治理框架是提高项目绩效水平的关键。

本书共分为7章,第一章为绪论,主要介绍本书的研究背景、研究意义、研究现状、研究方案等。第二章介绍了本书研究用到的基本理论,包括治理理论、经典博弈理论和项目冲突绩效评价理论等。第三章介绍了项目冲突的刚性和柔性治理,论述合同和关系两种治理手段的刚性和柔性治理特征。第四章介绍了如何设计合同条款治理冲突,合同层面的冲突治理是基础。第五章介绍了施工阶段项目冲突管理选择策略,从冲突的发生发展多角度全方位全面考察,本章是全书的核心内容。第六章介绍了基于项目绩效目标的冲突管理研究,回答了如何以项目绩效为导向,开展冲突管理。第七章为总结与展望。全书较为系统地介绍了以冲突治理—管理—项目绩效为主线的研究内容,内容丰富,学术性较强。适合大专院校师生、科研院所和民间研究机构从事相关领域研究的科研人员阅读。

本书是作者在浙江广厦建设职业技术大学任专职教师期间的成果,并得到单位的资助。由于本书在写作过程中能参考的文献资料较少,研究水平有限,因此难免存在一些不足之处,恳请广大读者批评指正。

唐冰松

2022 年 6 月

目　　录

第一章

绪　论

项目冲突缘起于人与人、人与团队以及团队与团队之间的冲突，从而对工程项目造成影响。本章将从研究背景及问题的提出、研究意义、国内外研究现状与文献综述、研究方案以及学术贡献等多个方面进行论述。从全书的角度看，本章内容宏观，奠定了全书内容的基调，起到提纲挈领的作用。

第一节　研究背景及问题的提出

在工程项目建设过程中，形形色色的冲突伴随着项目建设始终。据统计，由于未能及时妥善解决建设工程中的冲突事件带来的损失占工程投资总额的3％～5％。随着工程项目规模和投资的增加，冲突带来的损失将更大。冲突在不同项目中的表现纷繁芜杂，对项目的影响大小与项目本身有较大的关系。同样影响程度的冲突对一些项目而言只是轻微的摩擦，不会影响项目建设大局；但对另一些项目而言，可能影响很大，甚至还会造成项目失败。大量实践证明，冲突在工程项目实施过程中能及时被高效地管理与项目成功有着紧密的联系。项目冲突作为一种社会现象，其来源较为复杂，大致可以分为项目参与各方的个体特征、沟通、组织结构、权利、利益、目标和客观事件等几个方面。但无论冲突源自哪个方面，对项目、团队乃至建筑企业的负面影响都是相似的。

需要重点说明的是中文"冲突"一词在不同的语境下内涵差异较大。比如事物之间出现矛盾、不协调或者互相制约，可以理解为"冲突"；心理学上选择或者决策上的矛盾，也可以理解为"冲突"；人与人之间的对立、仇视，以及以零和思维和暴力行为处理彼此关系也可以理解为"冲突"。本书研究的所谓"冲突"正是指人与人之间的对立而引发的语言攻击、肢体暴力接触。国内有些学者将此类"冲突"描述为"争端"，表面上两个词语含义相近，但两词存在一些差异。

（1）冲突更加强调肢体语言上的对抗，甚至以消灭对方为主要目标，而争端有时仅仅是就某一事项的争论。

（2）冲突所描述的对抗场景更加剧烈，硝烟弥漫，争端则不然。

（3）从调解难度上看，与争端相比，冲突常常更难管理，成本更高。

由于建筑工程属于资金密集型行业，利益牵涉面甚广，涉及资金数额大，容易造成人与人之间的冲突。零和博弈冲突是建筑工程项目冲突中较为常见的类型，是各类冲突的重要组成部分。项目团队成员一般来自不同的企业实体，是项目建设的合作伙伴。项目团队之间发生冲突的主要外在表现为冲突方互相对峙，处于不合作的状态，这将极大影响项目建设进程。项目绩效由于冲突无法实现，将影响项目团队的绩效表现，企业经营目标也难以实现。可见，项目冲突影响之普遍，可谓"项目成败，唯冲突管理也"。以提升利益相关者的满意度和项目建设水平为目标，建立更加科学合理的利益分配机制是解决当前项目冲突问题的关键。

工程业界高度重视项目冲突管理工作，将项目冲突管理视为项目管理内容的核心工作之一，并将冲突管理能力列为评价项目管理人员管理能力的重要指标。随着学术界对项目冲突管理研究的重视，近年该领域研究成果逐年增多。多数研究着眼于项目全生命周期内的冲突，研究冲突的特点与管理策略，所得研究成果大多着墨于冲突的形式、冲突溯源及冲突对策等方面，内容偏向于理论研究，能面向实际应用的成果较少。一些针对特定案例的管理策略普适性较弱，难以从根本上解决冲突管理难题。近年来，逐渐涌现出面向实际项目冲突管理的成果。撰写的作者一般都具备丰富的实战经验，成果内容面向项目管理一线，有较强的实践指导价值。笔者从实际工作出发，对冲突事件进行总结和提炼，对各类冲突进行归类分析，在冲突溯源与分类的基础上，提出面向实际应用的若干管理策略，可操作性较强。当前项目冲突管理研究应从三个方向努力：一是开拓项目冲突新的研究角度和方法，探究项目冲突的内在发展规律，找到冲突内在和外在的影响因素，使冲突研究理论化、体系化与系统化，并着眼于研究的可持续性，服务于学术研究；二是应结合项目实际，深入研究面向实际应用的冲突对策，对策研究不仅要源于现实，更要与现实冲突管理相适应；三是建立从学术研究到现实应用的桥梁，如何将理论研究成果转化为面向实际应用的成果，是学界和业界共同需要面对的问题。本书的研究内容将从理论研究的角度回答冲突负面影响的对象是什么以及两者之间的内在因果联系。

项目冲突造成的负面影响，其对象主要体现在利益相关者和工程项目两个方面。为弄清其内在机理，需要回答以下三个问题：

（1）项目冲突对利益相关方的负面影响的表现是什么？内在机制如何解释？

（2）项目冲突对工程项目的负面影响是如何造成的？

（3）两者是否有内在联系？治理机制是什么？

要回答以上三个问题，需要借助科学合理的理论建立一个理论框架，并解决所提出的问题。本书从治理理论出发，从合同治理和关系治理两个角度研究项目冲突对利益相关方和工程项目的影响机制，厘清两种治理手段的内在联系，为冲突管理研究奠定基本的研究思路。项目冲突合同治理研究将改变以往合同冲突治理凌乱、不成体系的局面，为合同设计人员提供一个冲突治理设计的基本思路和框架。工程业内人士普遍认为冲突治理的核心是关系治理，本书将从实证的角度研究关系治理在治理体系中的重要程度，以回应业内关于合同治理与关系治理的"地位"之争，从根本上解决冲突治理难、管理难等问题。根据冲突治理研究成果，本书提出基于项目绩效目标的冲突管理策略，发挥冲突治理研究的基础性和导向性作用。本书的研究成果将为解决工程业界人员所面临的冲突管理无序状态、管理效率低下问题提供有力的理论依据，同时为理论研究人员进一步研究项目冲突管理提供理论参考。

第二节 研 究 意 义

一、理论意义

项目冲突管理是项目管理的一个重要分支。已有关于项目冲突管理的理论研究甚少，且多数侧重于定性的描述性分析，当前关于项目冲突管理方面的研究缺少成熟的理论框架，大多数只是零散的研究，很难形成体系。鉴于工程业界对项目冲突管理理论的迫切需要，亟须建立一套成熟的理论体系。本书将以已有的零散研究成果为基础，从项目团队成员零和博弈冲突出发，引进或建立一些数学模型，尝试从理论上对项目冲突的一些问题进行系统探索研究，建立一个能为冲突管理提供可持续研究与发展的基本理论框架，为深入开展项目冲突管理理论研究抛砖引玉，为进一步丰富项目冲突理论体系，开辟一些新的研究手段和方向。不断发展和完善的项目冲突管理体系将持续提升工程管理学科内涵，为工程管理学科注入新的生机与活力。

二、实践意义

鉴于实际工程项目负面冲突影响较为普遍的现状，开展项目冲突研究的最低目标是降低冲突对项目和各方的损失；最高目标是使冲突为项目所用，改善项目和各方的收益。项目冲突管理研究对提高项目管理水平具有重要的现实意义，主要表现在以下几个方面：

（1）改善项目及项目管理绩效，提升项目建设水平。冲突对项目的影响主要体现在质量、进度、成本、安全等方面，冲突频繁发生会降低项目质量，延缓项目进度，增加各种显性和隐形成本，此外还会增加各种安全隐患，影响项目的使用寿命。通过本书研究，不仅可以降低因冲突造成项目失败的概率，还可以为改善项目及项目管理绩效寻找新的线索，寻找使负面冲突为项目所用、将负面功能转化为积极功能的新途径。在项目面临各种冲突风险和挑战下，不断提升项目建设水平。

（2）提升项目团队凝聚力，保障项目团队绩效顺利实现。冲突的负面影响实质上是对人情绪的负面影响，负面情绪在团队中有很强的传染性，进而深刻影响团队的工作绩效。寻找冲突影响项目团队绩效的关键因素，建立严格的冲突信息披露制度，坚决遏制谣言的肆意蔓延，以维持并提升项目团队凝聚力为第一目标，制定行之有效的冲突管理措施，才能保障项目团队绩效目标顺利实现。

（3）提升个人对项目、项目团队及冲突管理的满意度，实现个人的利益诉求。绝大部分冲突发生在个人与个人之间，并进一步发展，对人的影响是不可逆的。个人满意度主要表现在对自身绩效实现的满意度、对他人的满意度、对项目绩效实现的满意度等多个方面，尤其是对冲突当事人而言，冲突管理的满意度是个人满意度的重要组成部分。项目管理绩效与团队绩效等指标与冲突管理绩效紧密相关，因此，提升冲突管理个人满意度是实现个人满意度的重要途径。冲突包含着个体诉求，是个体诉求的外在表现形式，冲突管理满意度的实现意味着个体诉求的顺利表达与满足，是消解项目不和谐因素的完美结果。

第三节 国内外研究现状与文献综述

一、工程项目冲突管理研究概况

冲突是发生在个人或团体之间互相对立的过程，外在表现为：轻则意见不合、言语攻击；重则诉诸武力。冲突作为一种社会现象，有多方面的特征。冲突是发生在个人或团体之间，基于某种目的而形成的不同形式的相互对立行为；冲突是一种知觉，对立的双方能够感知对方差异的存在，且这种差异影响了自己的预期利益；冲突是一种互动过程，只有在对方行为基础上才能实现自己的预期利益，而恰恰是对方的行为不符合自己的预期或对自己的预期利益造成可预见的损害。工程项目团队作为一种人类组织形式同样无法避免冲突。项目团队成员通过合同建立合作关系，明确彼此的权利与义务，但在履行合同过程中，由于主客观方面的原因，时而会发生冲突。无论是在项目建设前期、实施阶段还是运营阶段，冲突都有可能发生。

工程业界对冲突的负面影响已取得共识，冲突不仅深刻影响着项目团队成员的实际收益，更是影响项目成败的关键因素，冲突管理的重要性显而易见。项目管理人员高度重视项目冲突管理，近年来更是出现了部分建设项目将冲突管理绩效作为考核项目管理人员绩效的重要指标。然而，国内外学术界长期缺乏项目管理实际经验，对项目冲突缺乏直观感受和有效的认识，这使得从事项目冲突方面的研究难度很大。长期以来，项目冲突管理方面的研究进展缓慢，成果稀少。

随着近二十年国内建设行业的蓬勃发展，以及业界和学术界人才流动的加剧，以往各自割据的局面有所改变，部分有实际经验的专业人才加入学术界，冲突管理研究迎来新的契机，尤其是进入 21 世纪以来，项目冲突方面的研究成果逐渐增多。据 Scopus 数据库粗略统计，与工程项目冲突相关的文献大约有 2 万余条，发表在核心期刊上的文献大约有 600 余条，且绝大多数文献是 2000 年以后发表的，呈现方兴未艾之势。国内关于项目冲突的研究起步较晚，但已开始进入学者的研究视野。笔者认为冲突应至少具备几个要素：（1）双方意见对立；（2）分歧能够被感知；（3）一方的收益建立在对方的行为基础上；（4）冲突应至少包含两个及以上主体。这些要素构成了冲突区别于其他社会现象的特征。在建设工程领域，吴光东认为冲突是双方由于控制目标的对立或目标的不一致而引发的交互过程。Fenn 等人和 Harmon 也有类似定义，他们认为对冲突进行管理，就如同对项目质量、进度和费用的管理。早期对项目冲突管理的研究主要侧重于定性描述，从项目冲突的定义、特点、功能性的广泛讨论到冲突的发生发展、管理对策研究等都局限于定性层面的讨论。罗志恒分析了建筑设计院多项目设计冲突的主要原因及管理，并给出了一些对策；与设计项目类似，项目施工领域到处充斥着冲突。刘德震分析了项目在实施过程中的进度冲突，提出了若干进度协调机制；Harmon 曾梳理了用于解决冲突的一些方法，并做了归类。在冲突功能方面，传统认为冲突是不好的，是负面的，但德国社会学家科塞则认为冲突功能还有积极的一面，即冲突功能有两面性，冲突功能两面性特征已被更多的人认同和接受。在冲突应对解决策略上，Rahim 认为应对冲突常见的有五种策略，分别是回避、宽容、折中、独断和整合，不同策略将带来不同的冲突处理结果。冲突应对策略是冲突管理的具体体现，冲突管理者的特点、管理目标与效果等都在一定程度上影响着管理者的策略选择。

项目冲突管理的研究逐渐转向定量研究，主要分为两个方向：一类是以博弈分析为主的理论研究；一类是以调查分析为主的理论研究。本书所研究的冲突的本质是人的行为及对策研究，对策论主要以西方的博弈论为主。冲突管理的实质是当外界反应与预期不一致时，寻找利益最大化的策略。基于博弈论的冲突管理研究受到国内外众多学者的广泛关注，逐渐成为研究热点。曾晓玲等人对重大工程 PPP 项目采用博弈论进行分析，风险分担成本、激励补偿制度、收益分配比例和惩罚力度是影响双方良好合作的重要因素，妥善处理上述因素能有效化解或消除利益冲突。Shakibaei 等人认为铁路 PPP 项目也面临类似的问题。此外，冲突对 PPP 项目的合作稳定性有重要影响。唐耀祥以案例的形式从行为经济学的角度对 BT 项目利益相关方的冲突进行博弈研究，围绕风险控制、工期、建设资金、寻租等各个环节进行冲突博弈研究，得出利益相关方的决策取向。业主和供应商之间的冲突行为可以通过非合作博弈模型进行研究，从而得出双方的最佳应对策略。随着研究的不断深入发展，新的研究模型不断加入冲突管理研究中，演化博弈模型的提出拓宽了项目管理方向，引起了人们的极大兴趣。演化博弈模型克服了经典博弈论完全理性的缺陷，以生物进化的观点看待博弈论，强调的是动态均衡。博弈双方在博弈的过程中需要不断进行学习，有策略失误会逐渐改正，并不断模仿和改进过去自己和别人的最有利策略。演化稳定策略和复制动态是演化博弈中最重要的概念，现有的一些涉及演化博弈的研究基本沿着由这两个基本概念构建的框架展开，取得了一批成果。黄凯南对演化博弈的起源和发展做了详细的介绍；李壮阔、程敏、虞晓芬等人采用演化博弈模型对 PPP 政府安居工程项目中政府、企业和公众的行为进行了研究，并给出了相关建议。除了经典博弈论角度外，建设项目内各方主体的博弈行为也可以从演化博弈角度展开，为各方策略取向提供建议。演化博弈是从行为集合的角度分析，经过多次反复，筛选出最有利于决策者的行为策略，与一般的博弈理论有显著不同。演化博弈的提出为博弈理论及冲突管理提供了新的方向与手段。总之，博弈理论在工程项目冲突管理中的广泛应用为人们如何应对冲突提供了理论指导。博弈理论分析直观，但仅仅局限于理论分析，面对实际项目时，很多因素都做了简化，所得出的结论大多是基于众多假设前提得出的，与现实情况存在一定的差距，用于指导实践存在一定的局限性。此外，博弈理论从各方损益的角度出发，分析利益相关者的行为取向，若要分析研究目标非损益因素的相关性及定量表示，博弈理论则无法给出满意的结论。调查分析方法在一定程度上能克服这一缺陷，并得到广泛使用。

调查分析方法是除博弈分析外，最为常用的理论分析方法。通过问卷调查的形式，获得与项目冲突有关的数据，对数据进行统计分析，得到与研究相关的结论。周明建等人对项目经理沟通能力与冲突之间的关系展开了实证研究，结果表明项目经理的沟通能力对项目团队冲突有明显的抑制作用。吴光东等人采用问卷调查的形式研究了基于结构方程的冲突与项目成功之间的负相关关系，其中冲突能显著减弱知识和信息传递，并对项目成功有直接影响，呈负相关关系。Wu 等人研究了组织间冲突与项目附加值、项目合同柔性与项目成功之间的实证关系，问卷调查是主要手段和方法。Zhang 等人研究了人际冲突与项目绩效之间的关系；You 等人研究了合同治理与关系冲突、任务冲突之间的实证关系。Awwad 等人研究了中东地区建筑行业冲突争端解决方式的统计分布。Tabassi 等人研究了马来西亚建设项目冲突管理与团队绩效表现之间的定量关系，研究表明冲突回避方式在多文化冲突中能有效提高项目绩效。调查分析方法收集的数据较为可靠，能反映项目管理冲突的实际情况，研究结果可信度较高，但也存在一定的弊端：一方面统计得到的数据样本数量、覆盖面存在一定的局限性；另一方面所得研究结论一般适用于大多数项目，有一定的参考价值，但不一定适用于某一特定的项目。

总之，博弈分析方法和调查分析方法，分别代表了当前最为广泛使用的研究方法，两种方法在研究不同问题时各有优缺点，要根据研究的需要，以问题导向为目标，选择合适的研究方法。项目冲突研究要有新的进展，除了研究内容本身需要创新外，研究方法创新是重要的方向。

二、工程项目管理与治理研究现状

工程项目按照图纸及施工计划得以实施，需要对项目在实施过程中，按照制订的计划加以控制与纠偏，最终保证项目目标得以实现，这就是所谓的项目管理。丁荣贵和赵树宽认为项目管理就是利用系统的理论与方法，通过计划、组织、领导、控制和创新等职能，运用一定的管理手段和方法，调动组织内的各种资源去实现目标的动态活动过程。工程项目管理涵盖的范围较大，一切为人类所用的人工构造设施都可以称为工程项目，包括但不限于航空航天工程、土建工程、船舶工程、机械制造工程等诸多领域。

在建设工程领域，项目管理的目标主要集中在项目质量、进度和费用，就是所谓的项目管理"铁三角"。项目质量、进度和费用的研究已成为项目管理研究的主要内容，是学界和业界共同关心的话题。盛金喜等人从保险行业的角度研究了如何建立公共建筑的质量诊断模型，为保险行业决策提供理论依据。工程质量监督标准化成熟度对建筑工程质量监督尤为重要，张伟等人从系统化思维的角度对成熟度模型进行评价，认为当前市场质量监督标准化成熟度适中，尚有改进空间。在技术应用方面，覃亚伟等人采用BIM＋三维激光扫描技术对桥梁钢构件的工程质量进行检查，取得了良好的检查效果。在项目进度方面，宋朝祥等人对项目同时存在多个工作面，提出一个多工作面工期优化模型；王广斌等人引入社会网络模型（SNA），对各个施工任务的依赖性和影响能力进行分析，提出了进度管理的若干措施，进度管理依然是研究热点。在项目成本方面，主要研究方向集中在成本目标实现、节约成本和防止项目超支等方面。项目成本控制事关项目利润及企业利润目标的实现，项目管理人员应予以充分重视。陈欢和李清立以价值链视角分析了房地产开发项目的成本管理，从作业成本、结构性成本和执行成本三个方面构建了房地产项目的成本驱动模型，为房地产成本管理提供参考。Baronin等人讨论了俄罗斯建筑市场存在的住房成本估算问题，指出能量模型能很好地回应公众关切的如何以最低成本实现最优居住体验。无论是业主还是施工企业都非常关注工程项目的成本影响因素及成本控制。在实际项目管理中，项目质量、进度和费用并不是独立的指标，而是互相关联，三者综合考虑进行研究才更加符合项目实际，单一绩效指标的研究不能全面反映项目绩效概况。随着对项目绩效评价的多元化，项目安全管理逐渐纳入项目管理范畴。近年来，更是有人提出将资源的有效利用、效率、各方满意度和冲突管理纳入项目绩效评价范畴，这将大幅提高项目绩效评价内涵，为人们科学合理评价项目绩效提供了更加丰富的尺度。

综上所述，项目管理研究内容已从传统的"铁三角"逐渐延伸到了包括冲突管理在内的诸多内容，呈方兴未艾之势。随着重大工程、超大工程陆续上马建设，亟须建立重大工程管理理论用于指导项目建设。重大工程管理理论来源于项目管理理论，是项目管理理论的进一步延伸，是对重大工程管理理论方法的高度总结，开展重大工程管理理论研究日益迫切。但无论是重大工程管理理论，还是一般工程管理理论，所研究目标还停留在管理目标本身上，对实现管理目标的内在机制和制度安排关注不多，探究各方项目管理的内在驱动机制及其他深层次问题很难从项目管理角度开展。

项目治理的概念来源于社会治理、国家治理，关注的是实现项目目标而做的一系列制度安排。与项目管理研究的目标不同，项目治理就是通过一套制度体系来建立并维持项目交易中的一种良好秩序的过程，而这种秩序规定了各主要利益相关者的权利和义务，并贯穿于整个项目交易过程。

目前国内外对项目治理并没有统一的定义。Ralf 认为，项目治理包括价值体系、职责、程序和政策，使得项目得以为实现项目组织目标服务，并促进项目朝着实现内外部利益相关方利益的方向前进。丁荣贵等人认为项目治理的主要内容是制定项目目标，提供实现项目目标所需的资源以及实现该目标的方法和绩效监督。而严玲等人则认为项目治理的内容是合理地处理利益相关方之间的监督、激励与风险分配。这些定义与项目管理有所不同，都无一例外地强调了为了实现项目目标所做的主体与制度安排。项目治理按照不同的标准可以分为不同内容，按照治理框架来分，可以分为治理结构和治理机制；按照治理要素来分，又可以分为合同和关系两个层面，两种分类方法满足了不同的研究需要。

项目治理结构是指项目为实现治理目标对所有项目治理主体的所有权、监督权、控制和协调职能所做的一种制度安排。Guo 等人比较了新西兰和中国两个较大规模的工程项目，通过定量分析得出项目治理结构对项目风险管理有重要影响。Müller 等人给出了关于项目治理的基本框架，包括治理、治理结构及治理影响，并引用了斯堪的纳维亚半岛及中国的几个案例加以说明。国内涉足该领域的学者逐渐增多，马天宇等人以交易费用理论为基础，分析了工程项目的治理结构。工程项目管理领域的治理结构根据不同项目有所不同，项目管理者需要根据项目的特点设计合理的治理结构。需要指出的是治理结构在一定时期内较为稳定，是项目治理的基础。治理机制是指在维持各方权利义务的基础上，依靠各种方法和手段以实现管理目标。不同于项目治理结构，项目治理机制可以依据治理需要随时调整以达到治理目标，较为灵活。常见的治理机制有激励机制、惩罚机制、监督机制、外部竞争机制、内部竞争机制等。治理机制需要在治理结构的基础上进行设计，与治理结构相适应。研究表明，治理机制对项目的质量、治理行为、项目风险等都有治理失败风险。杜亚灵等人统筹研究了项目治理结构与治理机制的相互关系和作用，以及如何实现项目绩效目标。若要总结项目成功与失败的经验，则应从项目治理结构与治理机制的角度切入，较易找到项目成功与失败的根源。治理结构和治理机制几乎涵盖了所有重要的合同治理要素。开展项目治理结构与治理机制方面的研究对于项目成功有着重要的意义。

工程项目通常以签订合同的形式将各方联系起来，合同规定了相关方的权责利，是项目治理的重要形式。虽然合同治理在解决大多数合同内冲突时颇为有效，但合同本身的局限性以及合同执行存在较强的人为特征使得合同因素在治理项目时有明显缺陷，关系治理逐渐进入人们视野。合同治理和关系治理作为两种性质完全不同的治理手段，在治理项目时共同发挥作用。Cheung 等人研究了合同治理在解决冲突时发挥的重要作用，并对谈判行为产生重要影响。You 等人通过问卷的形式给出了合同治理在解决任务型冲突和关系型冲突时发挥的重要作用。Zheng 等人给出了中国超大项目影响治理行为的影响因素，除了信任、相关机构的支持以外，最重要的是合同因素，合同治理在项目治理中发挥着不可替代的作用。在施工过程中偶尔出现合同未定事宜，当事人需要根据未定事宜的具体情况进行协商确定，协商谈判结果夹杂着一定的关系因素。关系不仅在未定事宜谈判中占据重要位置，在合同执行过程中也同样存在。王德东和傅宏伟研究了关系治理对重大工程项目绩效的影响机理，指出关系治理能够显著降低交易成本，抑制机会主义。在关系治理的组成要素中，情感信任与合作起着主导作用。合同治理以刚性治理为主；关系治理以柔性治理为主，弹性空间较大。与单一治理手段相比，两种治理手段并用，充分发挥两种治理手段的特点，互相补充，能有效提高项目治理效率。

综上所述，合同治理与关系治理作为项目治理的两种主要形式，不是截然对立的。由于合同的履行难免涉及"人"的因素，因此不可避免地包含关系的因素。从治理特点来看，合同治理以刚性治理为主，同时也有柔性治理的一面；关系治理以柔性治理为主，同时也有刚性治理的一面。合同治理与关系治理依据不同的治理主体与治理目标表现出不同的治理特征。不同项目、不同主体对治理刚性与柔性的尺度也有不同的理解。

三、项目绩效评价研究现状

项目绩效评价是指对项目决策、准备、实施、竣工和运营过程中某一阶段或全过程进行评价的活动。项目绩效评价首先要明确从哪些方面对项目绩效进行评价，评价指标经历了由单一性评价、阶段性评价、静态评价转向多维评价、全生命周期评价和动态评价的过程，对绩效的改善研究从管理层面深入到治理层面。项目绩效评价的主要内容包括：回顾项目实施的全过程；分析项目的过程绩效和结果绩效及影响；评价项目目标的实现程度；总结经验教训并提出对策建议等。工程项目绩效评价一般是指项目的"铁三角"，即所谓的项目质量、进度和费用，以及项目的财务评价。随着学科的发展，绩效评价日渐多元化，项目安全、冲突、自然环境和社会环境评价逐渐纳入了绩效评价体系。评价理论是指项目绩效评价方法，将绩效内容纳入某一评价体系中。评价理论从传统的单一指标评价理论逐渐发展为现代绩效评价理论，包括平衡计分卡（Balanced Score Card，BSC）、关键绩效指标（Key Performance Indicator，KPI）、卓越绩效评价准则、项目管理成熟度、项目成功等。除了项目绩效评价内容外，还涉及评价方法、评价阶段、评价主体多个维度，较为复杂。因此，项目绩效评价要按照不同的维度进行。

（1）项目绩效评价内容。项目绩效评价内容从传统的项目质量、进度和成本，发展到现在的项目安全、冲突、社会效益、各方满意度等多种指标并用，绩效评价内容不断丰富，评价指标愈加科学合理。项目质量、进度和费用是项目本身及项目管理人员绩效评价的核心指标，在整个评价体系中占据重要位置。在一定的约束条件下，理论上三者并不独立，而是存在一定的关联性；但在实际的项目管理中，不确定因素及人为因素较多，三种类型指标离散性较大。随着其他指标不断纳入评价体系，项目绩效评价更加多元化，采用何种指标体系更加科学合理，哪些指标需要增加权重，需要根据不同的项目绩效评价进行综合考量，不同的绩效评价体系代表着不同的评价导向，对项目绩效有着重要影响，这就涉及项目绩效评价方法问题。

（2）项目绩效评价方法。早期由于项目规模、材料、技术、人员等都处于较低层次，人们采用单一指标评价方法评价项目绩效一般能满足需要，随着超大项目的不断涌现，信息计算技术的发展，新型材料的层出不穷，迫切需要更加科学合理的绩效评价理论。目前，应用较多的绩效评价理论主要包括平衡计分卡、关键绩效指标、卓越绩效评价准则、项目管理成熟度及项目成功等。平衡计分卡（BSC）是美国的罗伯特·卡普兰和大卫·诺顿提出的一种基于战略管理业绩的考评工具。它从企业的使命和战略出发，将整体战略分解成相辅相成的四个层面的绩效指标，即从创新与学习、顾客、内部流程和财务绩效四个角度，根据企业生命周期不同阶段的实际情况和采取的战略，为每一方设计适当的评价指标，赋予不同的权重，形成一套完整的绩效评价指标体系，从而能够阐释战略和量化战略，实现从抽象的、定性的战略到具体的、定量的目标转化。平衡计分卡在工程项目、团队以及企业中均有较多应用。杜茂华等人采用平衡计分卡构建了化工项目综合评价的四个维度，即经济效益、广义顾客、内部运营、学习与发展，为化工项目建立了综合评价模型。张连营等人采用平衡计分卡研究了项目管理团队的四个重要绩效指标：财务、利益相关方、内部流程结构、信息共享与成长，构建了概念模型与相关假设，设计了工程项目绩效及其支撑要素的度量量表。郭媛媛、冉立平等人成功地将平衡计分卡用于房地产企业的绩效评价及企业发展战略上，为企业经营管理提供良好的决策信息。关键绩效指标（KPI）把企业战略目标分解为可操作的工作目标，是企业绩效管理的基础。KPI方法同样适用于工程项目，Amerkhil等人采用KPI和CSF（Critical Success Factors）方法建立了项目冲突后的评价模型，以阿富汗2001—2016年51个当地建设项目为例，采用模型对建设项目进行评价。

卓越绩效评价准则用于组织的自我学习，引导组织追求卓越绩效，提高产品、服务和经营质量，增强竞争优势。刘洪程研究了如何将卓越绩效评价准则用于改善项目质量，要将准则落实到管理的各个方面，才能提升整体绩效，保障工程质量。项目管理成熟度及项目成功是近几年的热门话题，前者是指一个具有按照预定目标和条件成功地、可靠地实施项目的能力。Albrecht 等人对项目管理成熟度问题进行了系统的研究，进一步明确了项目管理成熟度的内涵。项目管理成熟度不仅能用于评价未建项目，还能用于已建工程的成熟度评价，总结经验，用于指导未来项目建设。项目成功包含了多重含义，包含绩效完成、各方满意率、实现社会经济效益等多个指标，项目成功是一个主观性较强的概念，不同的项目对项目成功的定义有所不同；即便是同一项目，不同主体对项目成功的定义也有所不同。史玉芳、张尚等人总结了 PPP 项目成功的关键要素，这些关键因素极大地影响了项目建设是否成功。相反，也有人从项目不成功角度出发，研究项目失败的原因。研究项目失败不仅在于寻找失败项目的失败根源，其根本目的还在于给建设者以启迪，提高未来项目建设的成功率。陈晓总结了大量国外 PPP 项目失败的经验，指出项目失败的时间节点可能出现在项目全生命周期的任何时间节点上，究其根源，是项目风险变成了现实。项目评价理论的不断发展为项目绩效评价提供了坚实基础，相信未来还会有更多、更科学的评价理论满足人们对未来项目绩效评价的需要。

（3）项目绩效评价阶段。由于项目全生命周期持续时间较长，一般可以分为决策阶段、设计阶段、施工阶段和运营阶段，每个阶段绩效评价的内容有所不同。设计阶段的主要指标有设计质量、设计进度和方案投资控制等。设计方案绩效是项目施工绩效的基础，在现今人们普遍重视施工绩效的前提下，应给予设计方案绩效更多的重视。施工阶段的绩效评价指标主要有施工质量、进度、费用、安全等，施工阶段是由图纸转化为物质实体的关键过程，其绩效评价涉及多个项目参建单位。运营阶段则需要考虑运营成本、财务评价和公共收益评价等内容。运营阶段处于项目全生命周期的末段，此阶段绩效评价常常需要结合前两个阶段的绩效情况进行。

（4）项目绩效评价主体。工程项目参与主体众多，每个项目主体关注的项目的内容有所不同。业主方关注的是项目的质量、进度、投资控制、安全以及社会效益评价等，业主方是项目实施的主体；设计方关注的是设计质量、设计进度和方案投资控制以及技术创新和积累等；监理方关注的是监理质量、预期收益是否实现、项目评价等；施工方关注的是施工质量、进度、成本、安全等多个方面；供货方关注的是供货成本、盈利能力、各方评价等；若项目属于 PPP 项目，则还有一个重要的参与主体，即投资方，投资方关注的是项目进度、账面财务盈利能力、项目的社会评价等内容。由于项目绩效评价主体介入项目的时间有所不同，因此每个主体绩效评价的时间区间差异较大。不同主体对项目绩效的评价预期有差异，需要根据自身资金、技术、人员情况制定合理的绩效预期，若所有参与主体均实现了绩效预期，则项目才能评价为成功。

无论是项目绩效评价内容、评价方法、评价阶段还是评价主体，项目绩效评价指标都是多元的。对于特定的绩效评价，评价指标可以有所侧重。此外，不同的评价方法对最终的评价结果也有较大影响，应根据不同的项目、不同的评价目标，选择合适的评价方法。

四、研究评述

面对形形色色的冲突，首先要充分认识冲突的基本内涵与研究现状，才能有的放矢地管理冲突，为实现项目目标服务。项目冲突管理研究涉及冲突的主体、来源、分类、应对策略、管理与治理、冲突与文化、冲突功能等多个方面，涵盖面较广。虽然项目冲突管理研究已经取得了一定的成绩，但还存在一些不足，这些不足也是待突破的研究方向，主要表现在：

(1) 与国外相比，国内业界对项目冲突还不够重视。项目合同较少专门设置涉及冲突管理方面的条款，这和我国重视关系建设的文化有关，重视关系建设，轻视规则制定与遵守，这为冲突爆发埋下了隐患。除了一些国家重点工程项目之外，绝大部分项目未设置冲突委员会，冲突协调解决随意，不利于项目团队的和谐稳定。国内部分项目管理人员对冲突的认识还不够深刻，缺乏必要的冲突管理技能，大多数管理人员只是停留在当前矛盾冲突上，忽视冲突的后续跟踪，尤其是对当事人的情绪跟踪观察缺乏必要的重视，常常导致二次冲突。

（2）国内学术界研究刚刚起步，少量学者已开始着眼于冲突管理研究，但还未引起足够的重视，更缺少由学术界推动设置的管理机构和学术机构，不利于推动项目冲突管理研究的持续发展和进步。在研究内容方面，大多数学者重视理论研究，鲜有面向实际项目冲突的研究，更缺乏能用于指导冲突管理实践的成果。对于冲突管理而言，作为项目管理的一个重要分支，亟须推动建立与冲突管理相关的分支学科，将冲突管理纳入项目管理理论体系。

（3）在研究方法上，已有的研究多侧重定性分析，定量研究较少。定量研究方法主要以调查问卷研究为主，缺少理论建模分析，更缺少系统的理论研究体系，给冲突研究发展带来了困难，亟须建立系统的理论研究体系。除此之外，还可以借助计算机，开发与冲突管理相关的软件，研究方法的多样性将为项目冲突研究带来更多选择。

（4）在研究内容上，冲突内容的单一主题研究很难寻求新的突破，除了寻找新的冲突研究方向外，多角度研究将是一个重要方向。例如，除了可以从合同与关系角度研究项目冲突外，还可以从治理结构和治理机制角度研究冲突治理问题；冲突对项目绩效的影响研究除了采用调查方法外，还可以尝试理论建模方法；冲突作为一种社会现象，跨学科研究将是今后研究的一个重要方向，心理学、行为组织学、社会学、哲学等学科均与冲突有关，扩大冲突研究的深度和广度可以为寻找新的灵感提供基础，还可以为解决冲突难题提供新的线索。

第四节　研　究　方　案

一、研究内容

　　研究工程项目冲突治理的特征，从两个角度出发：第一，治理体制与机制角度，即冲突的治理结构与治理机制，对常见的合同冲突治理条款进行归类和解读；第二，治理方式角度，即合同与关系，指出治理体制机制和治理方式两种研究角度之间的内在联系。研究分别从刚性治理和柔性治理两个方面分析合同治理和关系治理的特点，给出刚性治理和柔性治理特征的数学表达形式，提出柔性治理空间的概念，为后续开展研究奠定理论基础。

　　研究合同冲突治理结构与治理机制的特点及内在联系。研究内容包括：分析常见的局部治理结构、业主中心治理结构、业主-监理分权治理结构的特点；分析冲突自治与传递机制、中心主体治理机制、全生命周期治理机制、治理方法与治理目标并举机制等内部冲突治理机制的特点；分析项目绩效考核机制、个人绩效评价机制、冲突治理评估与惩戒机制、声誉与信誉评估选聘机制等外部治理机制的特点；研究外部治理机制和内部治理机制之间的关系。

　　以施工阶段工程项目冲突管理选择策略为例，研究冲突治理机制对项目冲突各方收益及管理行为的影响。引入混合决策纳什均衡理论和演化博弈模型，通过理论分析研究项目冲突治理与利益相关者损益之间的定量关系，将关系因素定量化，研究关系因素在他人管理中对利益相关者收益的重要影响，进而分析利益相关者的冲突管理行为。

　　以改善项目绩效为导向，研究冲突管理策略，内容包括基于项目绩效改善的危机公关、冲突管理实务操作等；研究冲突横向与纵向两类绩效指标，指出两类指标在冲突管理中的不同功能；研究补充协议形式的治理机制对冲突治理的影响；研究冲突管理绩效指标在冲突管理中的具体应用。本书基于冲突管理绩效指标的冲突管理策略，可以为冲突管理研究提供新的方向。

二、研究方法

本书的研究方法主要包括案例分析法和理论分析法两种：

（1）通过查阅相关文献,结合案例分析研究问题。所涉及的新概念或者原有概念的延伸均在已有文献基础上提出,案例分析有助于检验理论论述的合理性。

（2）引入理论模型研究具体问题。引入混合策略纳什均衡理论和演化博弈理论模型对施工阶段冲突自我管理和他人管理的博弈过程进行研究,找出不同条件下的均衡点、稳定点及各方的行为取向。

（3）新建理论模型研究具体问题。新建项目冲突管理绩效模型,主要用于研究项目冲突管理绩效评价问题,初步尝试新建数学模型表征冲突管理效果,并对数学模型中的具体指标进行分析,探索实际应用的可能性。

本书的研究内容和研究方法见表 1.1。

表 1.1 本书的研究内容分解和主要研究方法

研究内容	落脚点	研究方法
基于合同与关系的项目冲突刚性治理与柔性治理研究	合同治理的刚性与柔性治理特征；关系治理的刚性与柔性治理特征	文献分析法
面向项目冲突的合同治理结构与治理机制设计与应用	合同冲突治理结构设计、治理机制设计及两者的关系；基于治理目标的冲突治理结构、治理机制设计	案例分析法

（续表）

研究内容	落脚点	研究方法
施工阶段项目冲突管理方式选择策略	冲突的发起,自我管理及他人管理的内在机理与驱动机制; 关系弹性对冲突自我管理及他人管理中各方行为取向的影响; 冲突自我管理转向他人管理的临界条件	混合策略纳什均衡模型案例分析法
面向项目绩效改善的冲突管理研究	面向项目绩效改善的冲突管理研究的内容组成;构建冲突管理绩效横向指标;构建冲突管理绩效纵向指标;两种指标的应用	项目冲突管理绩效模型案例分析法

三、研究技术路线

本书的主要研究对象是项目冲突的治理与管理对利益相关者收益及项目绩效的影响,涉及两个重要的对象:一是对利益相关者冲突管理行为的影响;二是对项目绩效的影响。表 1.1 中各部分研究内容依据如下研究逻辑进行,如图 1.1 所示。

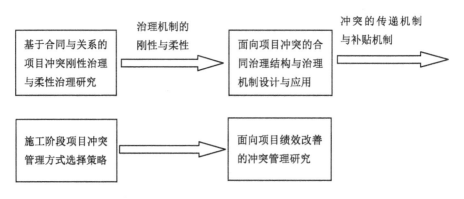

图 1.1　各部分研究内容之间的研究逻辑

本书从理论与方法、研究流程和研究结果的角度分析研究的技术路线,如图 1.2 所示。

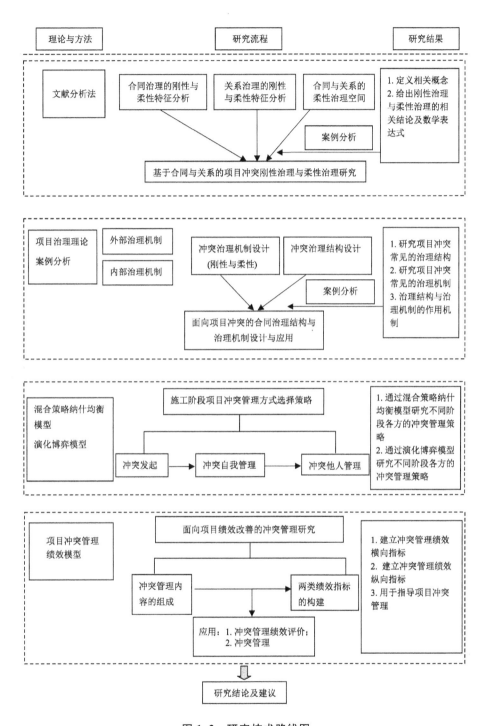

图 1.2 研究技术路线图

23

第五节　研　究　价　值

本书提出从治理结构和治理机制层面研究冲突治理问题。研究内容包括：提出常见的中国式冲突治理结构；结合中国本土冲突治理特色，提出了若干冲突治理机制，这些机制不仅能防范项目的负面冲突，更能有效治理已经发生的冲突。合同管理人员在合同起草时，应充分考虑冲突治理问题。

本书指出合同治理和关系治理也不乏柔性和刚性特征。对合同柔性治理特征和关系刚性治理特征的新认识能更加全面地认识合同治理和关系治理。事实上，合同治理常常以刚性为主，以柔性为辅；关系治理手段则以柔性为主，以刚性为辅。此外，还进一步提出柔性治理空间概念，指出合同柔性治理空间和关系柔性治理空间的区别。

根据施工阶段冲突管理方式的不同，本书提出了冲突自我管理和他人管理的概念，研究分析了冲突自我管理和他人管理的特点，将冲突的发生和发展研究分为发起阶段、自我管理阶段和他人管理阶段等三个阶段。根据冲突传递治理机制和补贴机制，基于混合策略纳什均衡理论模型，研究了冲突自我管理和他人管理的行为取向，以及冲突三阶段的演化过程。冲突演化模型较为全面地展现了冲突管理的发展历程，科学地反映了实际冲突发生发展的基本特点。

本书从项目绩效角度构建项目冲突管理绩效理论模型。冲突理论研究停滞不前的很大原因在于理论模型构建困难。以往人们研究冲突管理绩效往往着眼于冲突当事人行为本身，这给理论模型的构建带来难度。而项目管理冲突不同于一般的冲突行为，其背后还有冲突行为的结果，即项目产出，就是所谓的"项目绩效"。本书创造性地提出以项目绩效变化度量冲突管理绩效，并提出了两类重要指标，分别是横向指标和纵向指标（信号指标），两类指标的提出可用于不同的冲突评价目标，研究内容用于指导实践，有较强的可行性和合理性。

第二章

相关理论与方法综述

本章以工程项目治理理论、经典博弈理论、项目冲突绩效评价理论为基础,搭建以冲突与利益相关方、项目绩效相关关系为研究目标的理论框架。项目治理理论为近年来兴起的话题;经典博弈论广泛应用于包括工程项目领域在内的各个社会领域;项目冲突绩效评价理论为本书新提出的理论。本章将对这些理论进行逐一介绍,从而为后续章节研究做铺垫。

第一节　工程项目治理理论

一、项目治理的本质和定义

"治理"一词的英文翻译是"govern",意思是"统治"。大到国家,小到一个公司,乃至社会的最小单元家庭都需要治理。治理是一个宏观范畴,就是运用整体眼光通过规则和权力去引导、规范、协调参与人的利益从而实现治理目标。工程项目通过建立契约关系实现参与人之间的责任与义务关系,从而实现某一特定目标,参与者从活动中获取应得收益。从工程项目的本质上看,实施项目的过程属于交易行为。参与人自觉自愿地进行交易,双方在拥有的知识、信息、权利与义务上是平等的,彼此不能也无法拥有支配对方的能力。现实的工程项目建设总是复杂的,充满了大量不确定性因素,从而需要借助契约规范彼此的行为,工程项目才能进行,这就是所谓的"工程项目合同"。若工程项目条款能预测将来发生的各种不确定性事件,则无须治理。然而,项目交易环境错综复杂,各种风险因素层出不穷,这决定了项目合同约定各项风险的能力有限,合同的不完备性是无疑的。合同的不完备性是项目实施过程中出现问题的根本原因。另外,如果将合同看作委托关系的书面表达,则双方的合同关系可以看作委托代理关系。委托代理关系的重要特征是信息不对称,把复杂的委托代理关系处理成一方信息充分,另一方信息不充分,并且当事双方需要持续互动才能完成某一目标。被代理的一方由于亲临一线,着手完成具体事务,对处理事务拥有更多的信息,对其而言,易引起机会主义行为,从而获利。如果没有委托代理行为,就没有治理的必要。委托代理关系通过合同实现,初始状态下认为合同为完全契约,想通过所谓的"完美合同"解决代理事务,事实上合同无法从根本上解决项目所有权—控制权分离这一个根本问题,既然是委托,那么所有人是委托人,项目控制权至少是实施阶段被被委托人所掌控。项目治理中所关联的各种关系,用合同来描述并不全面,用委托代理关系来描述也并不充分。仅仅从委托代理关系不可能正确描述项目治理存在的必要性,只有将代理关系视于不完全契约的情景下,才能发掘项目治理的真正根源,从根本上理解治理的必要性和合理性。

当前,国内外对治理的定义不一而足,并不统一。从不同的角度理解项目治理,会产生多种不同的定义。项目治理是一个完整的框架:一方面,项目治理结构是一组联系并规范项目所有者、经营者、使用者之间权责利方面的制度安排;另一方面,项目治理可以看作一个系统,依靠各种内外部驱动机制运转,这种机制就是所谓的"治理机制"。项目的治理机制分为外部治理机制和内部治理机制,外部治理机制通过市场体系实现,内部治理机制通过项目内部组织实现。外部治理机制和内部治理机制分属不同的功能。治理结构和治理机制共同组成了项目治理体系,为实现治理目标提供了可能性。本书认为项目治理是为实现某一目标,由威权主体形成利益相关者认可的一种关系型框架结构,借以明确各方的责、权、利(治理结构),在项目实施周期内,通过建立某种机制引导和控制参与者的各种行为活动,使得彼此相互制约,并将可能产生冲突的相关者得以协调,最终达成一致,采取一致行动(治理机制)。

二、项目治理的目标和功能

项目治理目标是项目治理的驱动力,主要包括以下三个方面:

(1)预期目标。目标是组织期望项目应该有的状态,项目的价值最终依靠目标的实现得以体现。组织的目标需要依靠项目目标的完成,从而得以实现。也就是说除了项目本身的价值以外,还包括其他附带的价值。常见的项目目标除了传统的质量、进度、费用以外,还包括满意度、冲突管理等近些年来逐渐热门的绩效指标。

(2)组织目标。组织目标也被称为团队目标,团队目标的实现依赖于项目目标的实现。团队目标包括部分项目绩效目标,同时还包括团队成长、团队凝聚力等。

(3) 个人目标。个人目标在一定程度上属于团队目标的一部分。个人目标既依赖于团队目标,又有一定的独立性。个人目标除了包括部分项目绩效和团队绩效以外,还包括个人专业技术提升、职位提升、声望提升等。

此外,项目治理目标还包括自然环境目标和社会环境目标,属于项目对自然环境和社会环境输出的影响。

项目治理功能本质上是恰当地处理不同利益主体之间的监督、激励和风险分配的问题,从而实现治理目标。常见的项目治理功能包括战略方向的设立、绩效标准的建立与监督实现、资金的募集与提供、资金流的控制、技术专家的选聘、审计功能的提供、风险的识别与控制等多个方面。项目治理功能又可以分为不同的子功能,子功能用于实现各个子目标,各个不同的功能共同作用实现项目目标。

三、项目治理的内容

项目治理的内容构成了项目治理的一般性框架,包括以下几个方面:

(1) 项目评价标准和验收标准。项目治理围绕着项目成功而展开,而对项目成功的评价包括多个评价标准,项目成功是项目治理的第一目标。

(2) 识别和解决问题。项目在实施过程中,在各种风险因素的影响下,时常会偏离短期或者长期管理目标。识别和解决项目实施期间存在的问题需要项目团队具备一定的能力,忽视治理体系建设,解决问题的能力将无从谈起,因而科学合理的治理框架是基础。

(3) 与项目内外主体之间的关系。项目团队作为治理主体,与内部与外部主体之间的关系属于治理结构的范畴。项目治理结构规定了各方主体的权责利关系,权责利互相联结构成的网状结构使得各方紧密联系在一起。项目成功是各方得利的必要条件,项目失败将导致各方合作失败,预期收益难以实现。

(4) 项目沟通。项目沟通包括正式沟通和非正式沟通,属于治理机制。项目沟通作为一种治理机制在治理体系中发挥着独特的作用。一方面,项目主体无论是书面沟通还是口头沟通都能消除信息不对称的问题,从而能及时了解彼此意图;另一方面,沟通是彼此能达成共识,从而采取一致行动的必要条件。

(5)项目决策。项目决策的内容广泛,包括决策主体、决策方法、决策时机等,属于治理机制。项目任何一个参与主体均需要决策,业主的决策显得尤为重要。决策的科学性体现在决策的及时性、适应性与有效性上。项目决策缺乏科学规范容易造成团队成员不和谐、项目受阻等一系列问题。

(6)项目协调和战略。项目协调主要在于消除项目中的不和谐因素,项目战略属于宏观战略上的一种部署,属于治理机制。项目冲突不可避免,极大地影响项目进程,项目协调能平衡各方利益,消除矛盾冲突,为项目顺利实施铺平道路。项目战略决定了项目是否成功,能否实现项目绩效。

(7)设置里程碑节点。项目交易需要分步实现,在合同中设置里程碑节点有助于项目实施过程控制,属于治理机制。里程碑是指当达到某一节点时,项目各方将履行重要合约内容,有学者将里程碑节点视为分步交易的关键阶段,是项目管理的重要"关口"。设置里程碑节点有助于业主方管理,同时对于施工方、监理方管理也有助益。

(8)项目变更。项目变更在项目实施过程中较为常见,各种原因造成的项目变更需要各方主体明确职责及变更流程,属于治理机制的范畴。实践表明,项目变更是项目冲突的主要来源之一。

(9)履约保证。项目的顺利完成需要各方互相配合协作,履约保证金制度是重要手段,属于治理机制的范畴。在合同中常常约定履约保证金的管理办法,并在合同中适当施加压力,促使各方完成项目。

(10)其他。

四、项目治理与项目管理的区别与联系

(1)主体与目标有所不同。项目治理和项目管理的实施出发点都是实现项目目标,所做的工作都是为了项目产出,但是两者的实施主体是不同的。项目管理的主体需要立足自身,以实现自身项目管理目标为中心,对于不同的主体而言,项目管理目标有较大不同;而项目治理的主体是项目治理框架

中需要履行权责利的主体。此外,虽然项目治理和项目管理的最终目标是一致的,但两者的期望值有所不同。工程参与方希望通过专业知识和技能的有效使用,缩减项目建造费用,实现期望利润,而且不同项目主体的期望亦不同。而在工程项目治理中,项目治理框架设计者希望设计出科学合理的治理框架,使治理主体和项目都能从中获得相应的回报,达到"善治"的目的。总之,项目管理一般而言是针对某一具体的主体而言,项目治理则更为宏观,需要将所有主体均纳入"考察"范围。

(2)实施内容有所区别。无论是质量、进度,还是费用,从根本上说项目管理的内容是各种资源。项目各方需要对有限资源进行科学合理的规划,使之实现帕累托最优。需要指出的是,除了各种看得见、摸得着的资源,人作为一种特殊的战略资源,同样发挥着独特的作用。在人力资源管理视角下,提高人力资源的利用效率同样也是项目管理的重要内容。项目治理的基础是厘清各方主体的权责利关系,重视的是由合同确立的各种"关系",尤其是委托代理关系。由此可见,项目治理的对象是项目主体,研究的是如何通过制度安排使项目主体自发共同行动。从该角度看,治理是存在"视野"的。项目治理的治理层面局限于单个项目;公司治理的治理层面是整个公司所有主体。在设计项目治理框架过程中,设计者应立足于一点,即人是自私的,有机会主义的可能性,客观看待人性,有助于项目治理目标的实现。

(3)理论基础有较大差别。项目管理的理论基础是系统工程的思想和方法。工程实践中不可避免地出现各种问题,这就需要管理人员以系统工程视角,用统筹的方法解决各种矛盾和冲突问题,从时间和空间尺度上实现资源的最优化配置。另外,项目管理的目标常常不是单一的,而是多元的。这就要求管理者采用复杂的集成方法统筹管理目标,实现整体或至少部分项目目标。项目治理的理论核心是交易理论,在各个主体都是平等的这一前提下,他们的行为受到工程合同的约束。在工程建设开始之前,签订交易合同主要是为了建立激励约束机制。在工程建设过程中,各方主体更多的是监督与被监督的关系。从该角度看,定义科学合理的治理主体和治理机制是项目成功的关键,是促成项目交易的核心。项目交易治理的方法就是交易合同的签订以及合同履行过程中合同双方为了更好地实现自身的目标需要采取的方法。

31

与项目治理不同的是,公司治理则完全可以应用一般企业的治理方法。

（4）两者存在一定的联系。在项目实施前,设计项目治理框架主要是为了服务于项目建设,使项目能够顺利推进。而项目管理是项目具体实施的过程性控制手段,需要建立在项目治理框架的基础上才能进行。从该角度看,项目治理框架是项目管理的基础,项目管理是项目治理的目标。没有项目治理框架,项目管理就无章可循;没有项目管理,项目治理就毫无意义。

第二节　经典博弈理论

一、纳什均衡

纳什均衡是博弈理论中的一个重要概念,它是指满足下面性质的策略组合:在多个博弈玩家中,其中任何一个玩家在此策略组合下单方面改变自己当前策略都无法提高自身收益。

纳什均衡(Nash equilibrium)是博弈论中的一个重要概念,以美国著名的诺贝尔奖获得者约翰·纳什命名。在一次博弈中,无论其他玩家的选择策略如何,当事人都会选择一个策略,则这样的策略被称为支配性策略。如果博弈中任何一位玩家在其他玩家的策略确定的情况下,其选择是最佳的,即没有理由改变当前策略,那么这个组合就被定义为纳什均衡。

经过多年的发展,纳什均衡可以分为纯策略纳什均衡和混合策略纳什均衡两类。要阐述这两类均衡的含义,首先要说明什么是纯策略,什么是混合策略。

所谓纯策略是要求玩家在博弈中应该如何确定性地"出牌"。在这里对确定性的理解可以是没有犹豫空间。策略集合是指由局中人能够实施的策略完全集合。相对的,混合策略则不然,混合策略则要求局中人以一定概率实施某一策略。理论上说混合策略允许局中人随机选择某个策略。一般情况下,混合策略纳什均衡需要用概率计算,用概率代表策略的随机性和倾向性,因为每种策略是不确定的。只有达到某一概率时,才能使得收益最优。由于概率是连续的,而策略集合是有限的,因此会出现无限多个混合策略。把纯策略和混合策略统一来看,纯策略是混合策略的一种特殊情况,换句话说,纯策略是混合策略的概率为 0 或者 1 的情况。在现实中,并不是所有博弈都是纯策略纳什均衡,相反,混合策略的博弈案例占大多数。例如"钱币问题"就是典型的混合策略纳什均衡,囚徒困境和智猪博弈就是典型的纯策略纳什均衡。甚至,某些博弈过程既可以是纯策略,也可以是混合策略。下面介绍纯策略纳什均衡的具体应用。

1) 囚徒困境

在一次审讯中,警方将两名犯人甲、乙分别置于不同的房间内进行审讯。此时,每名犯人都有坦白和抵赖两种策略,而警方给出的政策是:如果两个犯罪嫌疑人都坦白,则证据确凿,两名犯人都会被判 8 年有期徒刑;如果只有一人选择坦白,另一个人选择了抵赖,则会对抵赖者加刑 2 年(因已有证据表明其有罪),而坦白者有功会被立即释放;如果两人都抵赖,则证据不足不能判两人偷窃罪,但可以私闯民宅罪判两人入狱 1 年。该博弈的支付矩阵如表2.1 所示。

表 2.1 囚徒困境博弈支付矩阵

乙	甲	
	坦白	抵赖
坦白	(8, 8)	(0, 10)
抵赖	(10, 0)	(1, 1)

从甲、乙两名犯人的博弈支付矩阵可以看出,对于甲来说,此时无论乙如何选择,甲选择坦白都是有利的,会使其获刑最少。而对于乙来说同样如此,因此博弈达到了一种稳定状态,即均衡状态(坦白,坦白)。甲、乙在这种策略选择下,都会被判 8 年有期徒刑,但是根据甲、乙两名犯人的博弈支付矩阵来看,此博弈的最优解应为(抵赖,抵赖)。所以可以看出,此次博弈的结果对某一方来说是理性的,但是对于整体来说却并不是最好的。此时博弈主体陷入了"囚徒困境"。若要走出"囚徒困境",则可以加入新的约束或者适当改变博弈规则使博弈的均衡结果达到最优。

2) 智猪博弈

智猪博弈的情景假设如下:假设猪圈里有一头大猪、一头小猪。猪圈的一端有猪食槽,另一端安装着控制猪食供应的按钮,按一下按钮会有 10 个单位的猪食进槽,但是按下按钮的一方要付出 2 个单位的成本,同时,大猪能够吃下的食物比小猪多。则进行下面假设:若大猪和小猪同时按下按钮,同时跑到另一端吃下食物,则大猪吃 7 份,实际得到 5 份,小猪吃 3 份,实际得到 1份;若大猪按下按钮,小猪在食槽边等待,此时大猪吃 6 份,实际得到 4 份,小猪吃 4 份,实际得到 4 份;若小猪按下按钮,大猪在食槽边等待,此时,大猪吃9 份,实际得到 9 份,小猪吃 1 份,实际得到 -1 份;若两头猪都不行动,则收益为 0。按照实际所得收益可构建如表 2.2 所示的博弈收益矩阵。

表 2.2 智猪博弈收益矩阵

大猪	小猪	
	行动	等待
行动	(5, 1)	(4, 4)
等待	(9, -1)	(0, 0)

由博弈矩阵分析可知,无论大猪如何选择,小猪的最优策略选择都是等待。具体分析如下:当大猪选择行动,小猪选择等待时,小猪可得到 4 个单位的纯收益;而在大猪选择行动时,小猪也选择行动,则仅仅可以获得 1 个单位的收益,所以小猪选择等待优于行动。当大猪选择等待,小猪选择行动时,小猪会亏本,纯收益为 -1 个单位,是因为小猪的行动实际上是付出了一定的成本,但是回报却不一定能够抵消成本,所以最后的结果可能是小猪行动了还会有所损失;而当两头猪都选择等待时,收益都为零。总之,对于小猪来说,等待还是要优于行动。

"智猪博弈"告诉我们:在一个双方公平、公正、合理和共享竞争环境中,有时占优势的一方最终得到的结果却有悖于他的初始理性,也就是说,小猪行动,却并不能获得更多的收益,有悖于其选择先行动的初衷,此时可以采取"跟随"策略。此外,还可以发现,先行动者或许能够造福全体,但多劳者未必能够多得。所以对于一些小企业来说,让大企业先开发市场,而后搭便车会让企业节省更多的成本,还可以得到应有的甚至比行动更多的收益。

以上例子是一些博弈论简单的应用,也是用到纳什均衡原理的经典案例,能够帮助我们更好地理解本书将要用到的纳什均衡原理。如今,博弈论已经发展成为一门较为完善的学科,是经济学的标准分析工具之一,而且博弈论在金融学、证券学、生物学、经济学、国际关系、计算机科学、政治学、军事战略和其他很多学科都有广泛的应用。虽然博弈论已经发展成为一门较为完善的学科,但是在实际应用时,情况会比理论模型所描述的要复杂得多,虽然有时不按常理出牌或许有意想不到的收获,但是只有知己知彼往往才能做出正确的选择。

二、混合策略纳什均衡

混合策略是一种按照什么概率选择这种纯策略、按照什么概率选择那种纯策略的策略选择指示。混合策略表明:参与人可以按照一定的概率,随机地从纯策略集合中选择一种纯策略。假定存在 n 个可能的取值 $X_1, X_2, \cdots, X_n$,并且这些取值发生的概率分别为 $p_1, p_2, \cdots, p_n$,则期望值为:$p_1X_1 + p_2X_2 + \cdots + p_nX_n$。

混合策略的定义:在 n 人博弈的策略式表述 $G = \{S_1, S_2, \cdots, S_n, u_1, u_2, \cdots, u_n\}$ 中,假定参与人 i 有 K 个纯策略:$S_i = \{S_{i1}, S_{i2}, \cdots, S_{iK}\}$,那么概率分布 $p_i = \{p_{i1}, p_{i2}, \cdots, p_{iK}\}$ 称为 i 的一个混合策略,这里 $p_{ik} = p(S_{ik})$ 是 i 选择 S_{ik} 的概率,对于所有的 $k = 1, \cdots, K, 0 \leqslant p_{ik} \leqslant 1, \sum\limits_{k=1}^{K} p_{1k} = 1$。

显然,纯策略可以理解为混合策略的特例,例如,纯策略 $S_{i'}$ 等价于混合策略 $p_i = \{1, 0, \cdots, 0\}$,即选择纯策略 $S_{i'}$ 的概率为1,选择任何其他纯策略的概率为0。混合策略纳什均衡包含混合策略的策略组合。

设 $p^* = \{p_1^*, p_2^*, \cdots, p_n^*\}$ 是 n 人博弈 $G = \{S_1, S_2, \cdots, S_n, u_1, u_2, \cdots, u_n\}$ 的一个混合策略组合。如果对所有的 $i = 1, \cdots, n, V_i(p_i^*, p_{-i}^*) \geqslant V_i(p_i, p_{-i})$ 对每一个 p_i 都成立,则称混合策略组合 $p^* = (p_1^*; \cdots, p_i^*; \cdots, p_n^*)$ 是这个博弈的一个纳什均衡。以监督博弈和硬币正反案例说明混合策略纳什均衡。

1）监督博弈

领导和下属在不同选择策略下的收益矩阵见图 2.1。

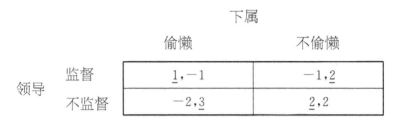

图 2.1 领导和下属在不同选择策略下的收益矩阵

给定下属偷懒，领导的最优选择是监督；给定领导监督，下属的最优选择是不偷懒；给定下属不偷懒，领导的最优选择是不监督；给定领导不监督，下属的最优选择是偷懒；如此循环。

（1）假定领导选择混合战略（0.5,0.5），则下属选择"偷懒"期望支付为 $(-1) \times 0.5 + 3 \times 0.5 = 1$，下属选择"不偷懒"期望支付为 $2 \times 0.5 + 2 \times 0.5 = 2$，下属选择"不偷懒"。

（2）假定领导选择混合战略（0.2,0.8），则下属选择"偷懒"期望支付为 $(-1) \times 0.2 + 3 \times 0.8 = 2.2$，下属选择"不偷懒"期望支付为 $2 \times 0.2 + 2 \times 0.8 = 2$，下属选择"偷懒"。

（3）假定领导选择混合战略 $(p, 1-p)$，则下属选择"偷懒"和"不偷懒"的临界状态应满足：

$$(-1) \times p + 3 \times (1-p) = 2 \times p + 2 \times (1-p) \tag{2.1}$$

解得 $p = \dfrac{1}{4}$，即领导选择严格监督的概率 0.25 为下属选择"偷懒"的纳什均衡点。可见，随着领导严格监督概率的增加，下属选择"不偷懒"的倾向逐渐提高。

2）硬币正反

一位陌生人要和小王玩个游戏，他拿出两枚硬币并提议说："我们各自亮出硬币的一面，如果都是正面，那么我给你 3 元；如果都是反面，我给你 1 元；如果是一正一反的情况，你给我 2 元。"那么这个游戏公平吗？

每一种游戏根据规则的不同会存在纯策略纳什均衡与混合策略纳什均衡两种纳什均衡,而在这个游戏中,应该采用混合策略纳什均衡。

根据游戏规则,可以计算出小王和陌生人的博弈支付矩阵,如表 2.3 所示。

表 2.3　博弈支付矩阵

小王	陌生人	
	正	反
正	$(+3, -3)$	$(-2, +2)$
反	$(-2, +2)$	$(+1, -1)$

再根据游戏规则做出如下假设:小王出正面的概率为 α,陌生人出正面的概率为 β。所以在陌生人出正面的概率为 β 的条件下,小王出正面的收益函数为:

$$E_{\alpha} = 3\beta - 2(1-\beta) \tag{2.2}$$

小王出反面的收益函数为:

$$E_{1-\alpha} = -2\beta + (1-\beta) \tag{2.3}$$

小王为了使自身的收益不受陌生人出正反面概率的影响,会令自己出正面时的收益与出反面时的收益相等,即令 $E_{\alpha} = E_{1-\alpha}$,得 $\beta = \dfrac{3}{8}$。即此时的纳什均衡点为 $\beta = \dfrac{3}{8}$,对于小王来说,当陌生人出正面的概率 $\beta \geqslant \dfrac{3}{8}$ 时,一直出正面是有利的,反之,当陌生人出正面的概率 $\beta \leqslant \dfrac{3}{8}$ 时,对小王来说一直出反面是有利的。同理,在小王出正面的概率为 α 的条件下,陌生人出正面的期望收益为:

$$E_{\beta} = -3\alpha + 2(1-\alpha) \tag{2.4}$$

陌生人出反面的期望收益为:

$$E_{1-\beta} = 2\alpha - (1-\alpha) \tag{2.5}$$

同样,陌生人为了使自身收益不受小王的策略的影响,会使得其选择正面时的收益与选择反面时的收益无差别,则令 $E_\beta = E_{1-\beta}$,得 $\alpha = \dfrac{3}{8}$。

对于陌生人来说,当小王出正面的概率 $\alpha \leqslant \dfrac{3}{8}$ 时,选择出正面收益最高;当小王出正面的概率 $\alpha \geqslant \dfrac{3}{8}$ 时,陌生人选择出反面收益最高。

三、演化博弈

传统博弈论有两个重要假设:一是完全理性;二是完全信息。演化博弈论与传统博弈论有着重要区别,即前者并不要求参与人完全理性,也不要求完全信息。

演化博弈论(Evolutionary Game Theory)是一种将博弈理论和动态分析结合起来的分析方法。在方法论上,它不同于传统博弈论,并不要求将博弈论研究放在静态或者准静态的尺度上。相反,它强调的是一种动态的均衡。对于一个群体来说,以动态视角看待博弈论,这更加符合实际。

选择和突变是演化博弈论的最基本特征。选择类似于进化论中的物种选择,选择优势基因以适应变化莫测的社会,在演化博弈中,选择那些能够获得更高支付的策略,并且这些策略能够在群体中遗传和复制。突变是指部分个体以随机的方式选择不同于群体的策略。当然这些特殊的策略可能获得高于群体的支付,也可能低于群体的支付。突变其实也是一种选择,但只有高的回报才能被留下来。突变类似于基因突变,在生物界,只有优良基因才能被遗传下来。群体的选择策略在不断的选择和突变中交替进行,经过一段时间后达到均衡。

在演化博弈论中,演化稳定策略(Evolutionary Stable Strategy,ESS)和复制动态(Replication Dynamics,RD)是两个最重要的概念,是建立演化博弈论的基础。演化稳定策略是指在博弈过程中,博弈的双方一开始并没有找到最优策略,随着时间的延长,博弈个体不断借鉴策略经验,并主动改变策略,经过一段时间的试错,最终找到最优策略,使博弈双方策略达到均衡。

复制动态实际上是描述某一特定策略在一个种群中被采用的频数或频度的动态微分方程,可以表示为

$$\frac{\mathrm{d}x_i}{\mathrm{d}t} = x_i[(u_{S_i}, x) - u(x, x)]$$

(2.6)

式中,x_i 为第 i 个种群中采用纯策略 S_i 的比例或概率,(u_{S_i}, x) 表示采用纯策略时的适应度,$u(x, x)$ 表示平均适应度。

第三节　项目冲突绩效评价理论

一、短期绩效评价理论

项目绩效因冲突发生的时间节点不同会产生不同的效果,因此在涉及冲突效应的短期评价问题时,势必牵涉时间节点的因素。假设某冲突发生在项目全寿命周期内的某一时间节点 t ,经过时间 Δt 后,项目的主要绩效指标质量、进度和费用偏离原计划,均发生了一定的变化。冲突造成项目质量下降、进度减缓以及费用提高等一系列负面作用。三者的短期效应可以表示为:

$$\alpha_{t,\Delta t}^{q} = \frac{q_{t,\Delta t}^{o} - q_{t,\Delta t}^{p}}{q_{t,\Delta t}^{p}} \tag{2.7}$$

$$\alpha_{t,\Delta t}^{s} = \frac{s_{t,\Delta t}^{o} - s_{t,\Delta t}^{p}}{s_{t,\Delta t}^{p}} \tag{2.8}$$

$$\alpha_{t,\Delta t}^{f} = \frac{f_{t,\Delta t}^{o} - f_{t,\Delta t}^{p}}{f_{t,\Delta t}^{p}} \tag{2.9}$$

式中, α_t^q 、 α_t^s 、 α_t^f 分别为冲突发生在 t 时刻,经过时间 Δt 后项目的质量变化率、进度变化率以及费用变化率;q、s、f 分别为关键分部分项工程的合格率(优良率)、时间进度和费用;p、o 分别为原计划和爆发冲突后,经过时间 Δt 后的质量、进度和费用的情况。对 Δt 的界定一般为冲突发生后 1 个月或者 1 个季度,不宜过长,也不宜过短。理由如下:

(1) 如果选取的时间间隔过短,所发生的冲突效应未充分释放出来,难以评判和度量该冲突。

(2) 如果选取的时间间隔过长,冲突效应会逐渐随着干预措施的进入而减弱,对冲突的评判逐渐失去真实性,其他因素的增加也会影响该冲突的判断。

（3）Δt 的选取依据经验而定，一般以下一个统计周期或结算周期作为参考。

冲突的短期效应对项目绩效的影响与冲突发生的时间节点有关。在研究冲突的短期效应时，需要特别强调发生的时间节点，如某项目在第 26 个月时发生了一次冲突，冲突发生后，以 1 个月作为观察期，项目质量、进度和费用均发生了变化，则以上三个参数的变化率可以表示为 $\alpha_{26,1}^{q}$、$\alpha_{26,1}^{s}$、$\alpha_{26,1}^{f}$。冲突的短期效应对项目长期绩效形成的蝴蝶效应不容忽视，而蝴蝶效应属于非线性效应，较为复杂。这里除了需要丰富的经验对冲突短期效应造成的长期性、整体性危害进行准确的预判外，还需要项目管理者对该冲突造成的持续时间、最终危害程度的预估、冲突短期效应的早期干预以及后期补救性干预措施等问题有着清醒的认识。

二、最终绩效评价理论

对项目冲突效应的评价是指根据项目发生冲突并进入尾声后对项目做出的最终评价。效应主要体现在项目最终的质量、进度和费用与原计划之间的偏离情况。由此可以定义冲突发生后，项目最终绩效的变化。

$$\beta_{t,T}^{q} = \frac{Q_{t,T}^{o} - Q_{t,T}^{p}}{Q_{t,T}^{p}} \tag{2.10}$$

$$\beta_{t,T}^{s} = \frac{S_{t,T}^{o} - S_{t,T}^{p}}{S_{t,T}^{p}} \tag{2.11}$$

$$\beta_{t,T}^{f} = \frac{F_{t,T}^{o} - F_{t,T}^{p}}{F_{t,T}^{p}} \tag{2.12}$$

式中，β 为项目进入最终评价后各参数的变化率；Q、S、F 分别为进入最终评价后的质量、进度和费用。式（2.10）～（2.12）的形式与式（2.7）～（2.9）基本相似。项目的最终评价结果与冲突存在必然联系，研究最终评价结果与冲突的短期效应之间的内在联系是定义式（2.10）～（2.12）的主要出发点。最终评价属于已发生的既定事实，无法改变，冲突管理业已失去意义。

但最终评价结果有助于对冲突的认识,结合已观察到的冲突短期效应可以进一步分析冲突特性、发展趋势直至最终的危害程度。

需要说明的是,项目最终评价发生的时间节点可以由项目管理者自行决定。通常有两种选取办法:一是项目竣工验收后,对项目绩效的评价有准确的数据,包括 $\beta_{i,T}^q$、$\beta_{i,T}^s$ 和 $\beta_{i,T}^f$;二是全生命周期的终结时刻,主要绩效指标变更为项目正常使用年限和账面盈利能力两方面。根据前述研究内容,项目的最终评价主要指前者。

三、短期绩效评价理论与最终绩效评价理论的应用

冲突绩效评价的应用主要体现在两个方面:一是对冲突功能的评价;二是对冲突干预效果的评价。对冲突功能的评价包括正面(积极)和负面(消极)两个方面;对冲突干预效果的评价主要包括有效、无效和升级恶化等几个方面。

1) 冲突功能的评价

冲突发生后,项目最终评价结果与原方案存在的偏差与冲突发生后短期内观察到的效应存在一定的联系。研究两者之间存在的非线性关系对于深刻认识冲突、制定有效的管理措施有着重要的理论与现实意义。不同的时间节点以及不同的冲突类别所产生的短期效应对项目的最终评价是不同的。一些冲突只能掀起小的"波澜",对项目的影响限于局部或阶段性的,对最终评价影响不大;有些冲突发生后,虽然短期内绩效指标出现不稳定的波动,但经过干预后,最终评价可能会优于预定计划;而有的冲突发生后,会持续恶化,甚至最终引起项目崩溃。冲突短期效应引起的不同评价结果值得项目管理者深思。

项目的质量、进度和费用因冲突的发生影响了项目的最终评价,而冲突的短期评价与最终评价存在某种联系,本书通过建立 β 与 α 之间的关系来说明冲突相对于项目存在的某种特性,对冲突特性判断的准确与否直接关系到冲突管理的效率。

若 β 与 α 存在以下关系,则

(1) $\frac{\beta}{\alpha} \approx 1$，表明冲突所造成的影响并没有发展，冲突的短期效应对项目的最终评价影响不大，冲突短期评价为负面，最终评价也为负面，将此类情形定义为 A_1；

(2) $\frac{\beta}{\alpha} > 1$，表明冲突所造成的影响继续朝着恶化的方向发展，且恶化程度急剧增加，冲突短期评价和最终评价均为负面，将此类情形定义为 A_2；

(3) $0 < \frac{\beta}{\alpha} < 1$，表明冲突所造成的负面影响有所缓解，但本质上依旧属于负面影响，冲突短期评价和最终评价均为负面，将此类情形定义为 A_3；

(4) $\frac{\beta}{\alpha} < 0$，表明冲突所造成的影响的属性发生逆转，由负面效应转为正面效应，冲突短期评价为负面，最终评价为正面，将此类情形定义为 A_4。

质量、进度和费用三个指标的最终评价结果与短期评价结果存在复杂的非线性对应关系[式(2.13)]，而(1)～(4)所列 4 种情况反映了该非线性对应关系可能存在的情况。

$$f(\alpha) = \beta \tag{2.13}$$

项目绩效最终评价结果与短期评价结果之间的非线性对应关系与以下几个因素相关：

(1) 冲突发生的时间节点。同一冲突发生在项目的不同时间节点上，会产生不同的最终评价结果，主要原因在于项目所处的环境已发生了根本的改变。

(2) 冲突干预措施的效率。冲突发生后，绩效指标短期内发生变化，随即对冲突进行管理，冲突效应明显减弱。干预措施的效率对冲突的最终评价结果具有决定性影响。

(3) 冲突发生的种类、烈度、影响程度等。冲突发生的种类、烈度、影响程度等均会影响最终的评价结果。

研究冲突短期评价与最终评价之间的关系主要基于以下几点考虑：

(1) 项目最终评价是项目管理者最为关心的问题，是所有冲突问题研究的主要出发点;短期评价为冲突问题研究开辟了新的途径。

(2) 充分认识到短期评价结果和最终评价结果之间存在的必然因果联系,寻找正确的研究途径是问题研究成功的关键。

(3) 通过研究两者之间的关系,可以充分认识该冲突,寻找冲突在已发生的既定事实下,使项目绩效最终评价最大化所需管理手段的高效支持。结合项目本身的实际情况,将该管理手段转化成具体成熟的实施细则。

(4) 冲突短期评价以质量、进度和费用为自变量,避开了描述冲突本身所需的状态变量,如冲突种类、烈度、影响程度等难以定量化的变量,使问题研究转向将短期评价结果作为自变量,最终评价结果作为因变量这一创新路径。

2) 冲突干预效果的评价

冲突干预效果反映的是冲突经过干预后,项目各项指标的变化。干预措施施加后,项目绩效变化率可以表示为

$$K_i^q = \frac{q_i^b - q_i^p}{q_i^p} \tag{2.14}$$

$$K_i^s = \frac{s_i^b - s_i^p}{s_i^p} \tag{2.15}$$

$$K_i^f = \frac{f_i^b - f_i^p}{f_i^p} \tag{2.16}$$

式中,K 为第 i 个措施施加后,绩效的变化情况,b和p分别为措施干预后和干预前的绩效指标。

(1) 若干预措施有效,则 $K_i^q > 0, K_i^s > 0, K_i^f < 0$;

(2) 若干预措施无效,则 $K_i^q = 0, K_i^s = 0, K_i^f = 0$;

(3) 若干预措施助推冲突升级,则 $K_i^q < 0, K_i^s < 0, K_i^f > 0$。

冲突绩效指标很好地反映了冲突干预措施带来的变化,为项目冲突研究提供了新的手段和路径。

本 章 小 结

　　本章介绍了工程项目治理理论、经典博弈论的基本内容，对项目冲突绩效评价理论做了简要的论述。作为本书必要的理论基础，这些内容有助于读者阅读后续相关章节。随着各个方向研究的推进，后续各章节的研究工作也将受到前述研究方向进展的影响，有兴趣的读者可以自行开展相关研究。

第三章

基于合同与关系的项目冲突刚性治理与柔性治理研究

合同与关系是冲突治理的两种途径，两种治理途径发挥的作用有所不同。从刚性与柔性的角度看，两种治理途径并不对立，而是各有侧重，互相补充。应充分发挥两种治理途径的作用，实现项目冲突得到完美治理。

第一节 合同刚性治理

一、刚性治理的内涵

刚性治理是一种以工作为治理目标,强调规章制度的治理模式。"刚"有两个层面的含义:一是指事物的特性坚硬、质地正而有条理;二是泛指一切活动中表达坚强、正直、果敢、无私心的动作和状态。刚性治理以制度约束、纪律监督、奖惩规则等作为治理手段,具体表现为一系列规章制度的逐步完善,它要求在实际的管理活动中,一切照章办事,不讲情面,注重效率和实绩,形成制度面前人人平等的局面。刚性治理不仅拥有严格的治理机制,同时在机制执行方面也较为严格,鲜有灵活的空间。从刚性治理的本质内涵上来看,需要抓住以下几个方面:

(1)治理目标单一。刚性治理的目标一般集中在某一方面,以目标为核心开展工作。管理过程中一般忽视其他方面的利益诉求,追求实现单一目标的愿望较为强烈。

(2)治理手段强烈依赖于规章制度。刚性治理本质上属于规章制度治理,以规章制度作为治理驱动,实现治理目标。规章制度拥有严密的逻辑体系,成为联结人、事以及工作目标之间的网络。

(3)刚性治理体系分明,治理主体明确。主体之间的权责利定义清晰,通过一系列的机制加以约束。

(4)治理目标的实现依赖于规章制度的严格执行。执行过程是冰冷的,缺乏温情的,没有任何妥协和协商的空间。

二、刚性治理的特点及表现形式

在刚性治理中制度至上，管理人员围绕着工作流程制定相应的制度。群体中每位成员都要严格遵守既定的制度，不得自行其是，并按照制度对成员的工作进行绩效评价，或表扬、肯定或惩罚，形成一种良好的有序的工作环境，以便高效地完成组织的目标。在这样的组织中，形成一种"有法可依，有法必依，执法必严"的境界，这里的"法"，即指组织内的规章制度。可见，制度至上是刚性治理的显著特征。"组织"一词有多种含义，在管理中用作动词时是指管理者为达到目标所采取的所有管理行为，可引申为组织工作；用作名词时意味着一个正式的有意形成的职务结构或职位结构，即组织结构。在刚性治理体系中，不管是组织工作还是组织结构，都表达出其严密性、确定性。为了使制定的规章制度得以贯彻并有效实施，严密的组织是必需的，也是必然的。在组织结构中，明确谁去做什么，谁要对什么结果负责，从领导到一般的职员都必须有详细的劳动分工，每个人都有具体的职责，从而形成一个严密的职务结构链。每位成员充当一个角色，在严密的结构中完成既定的工作，从而确保各项活动协调一致，使组织的总目标得以高效实现。在执行过程中，更是强调规章制度的中心地位，所有执行行为都有"法"必依、执"法"必严。

从治理的效果来看，刚性治理的积极作用和消极作用体现得较为明显。刚性治理作为一种治理特征，不可避免地存在功能作用的两面性。

从积极的方面看，刚性治理在人类社会生活中具有普遍性和共性。在刚性治理中，制度是它的核心，法制对任何时期、任何对象的管理来说，都是不可或缺的。对企业而言，即便柔性治理的呼声日益高涨，也绝不可回避或舍弃法制这一管理思想，更不能排斥刚性治理，更无法取代刚性治理。如今一些大公司员工自律性程度很高，但仍然可以看到公司管理制度或明或暗地支撑着公司的运转。没有管理制度，员工行为得不到有效的约束，相应的员工利益和公司收益也得不到保障。在一个组织中，存在着众多的关系、矛盾，这些关系、矛盾的处理都需要依赖规范来解决。如果没有规范制度，那么组织运转将会陷入一片混乱,甚至面临崩溃的局面。此外,在缺乏量化、程序化的规章制度时,决策将陷入随意的怪圈,管理威权难以树立,管理效果大打折扣。面对复杂的外部环境,组织更是难以适应。可见,刚性治理是组织存在和发展的前提和保障。刚性治理贯穿于组织发展的整个过程。在组织的初创时期,要先明确组织成员的行为准则,使人们的行为具有目的性和确定性。随着组织的不断成长,新的要求随之而来,组织处于不断的变革之中,原来的规章制度也难以适应组织的需求,需要与时俱进,组织成员的行为将重新被赋予新的定义。组织规章制度的建立与变革贯穿于组织发展的每个发展阶段。此外,刚性治理能带给人安全感。不断变化的组织与环境给人们带来不确定性,压力和焦虑感易给人们带来不适。组织中的每个成员都有自己的角色,一切行为都有章可依,这样的环境给人带来安全感,使人们充满希望地将自己的行为放到组织的框架中,实现自己的预期收益。

从消极的方面看,首先,刚性治理不能带动利益相关方的积极性。从管理者的角度看,仅仅把组织成员当作被监督管理的对象。规章制度是管理者最高意志的体现,是压制打击管理者认为违反规章制度"恶"的行为,是鼓励扶持管理者认为顺应规章制度"善"的行为。制度的建立,从一开始就没有考虑到赋予组织成员主人翁的意识,更不能充分发挥组织成员主观意识的能动性。将组织成员视作机器上的零件,无条件地执行。科学研究证明,即便公司员工完全遵守规章制度,自身的潜力也只能发挥20%到30%。刚性治理未能充分发挥组织成员的潜力,难以调动组织成员的积极性。其次,刚性治理难以涉及组织内所有工作。在管理实践中,我们常常看到再多的条款都是不够的,难以规定员工所有工作范围以及对应的权责利。正所谓"制定了百条法律,却留下了一百零一个漏洞"。工作中常常会产生一些无法定时、定量、定向且难以准确计划、考核的边缘工作,这些工作很难用权责利制度化,只能通过协调完成。这就是所谓的"规章制度的不完备"。因此,规章制度的不完备是客观的。最后,刚性治理容易使组织僵化,缺乏活力、灵活性,适应性不强。严格的规章制度、严密的组织结构、物化理性的管理风格及森严的权力等级,易使刚性治理陷入矛盾激化,造成组织的僵化和呆板,管理者容易陷入自己精心编制的"理性藩篱"之中。工作教条化、缺乏灵活性,使得组织难以适应快速变化的外部和内部环境。组织像是一艘难以快速变换航向的邮轮,径直撞上冰山,沉入海底。

综上所述,刚性治理作为一种治理特征,在治理活动中的优势是明显的。它为治理框架提供了稳定的元素,而这些稳定的元素对于治理活动必不可少。治理活动要能顺利推进,需要一些基本的内容作为稳定的基础,否则治理活动将充满不信任,工作难以推进。相较而言,刚性治理的劣势在于缺乏灵活性,忽视组织成员的个人需求。从长期来看,组织活动单纯依赖刚性治理并不利于组织的长期生存和发展。组织需要加入柔性元素才能使组织充满生机和活力。

在工程项目领域,项目治理特征同样包含刚性治理。本章将立足于合同与关系两种治理途径,重点阐述两种治理途径各具备怎样的治理特征。

三、合同刚性与执行刚性

冲突发生后,项目各方首先寻找的解决途径是项目合同,包括由施工合同、监理合同等组成的项目合同体系。启动合同中的治理机制是各方的第一要务。如果冲突事件包含在合同中,则严格依照合同处理条款来处理冲突,这样不仅能迅速化解冲突,对于降低冲突治理成本,提高冲突治理效率均有重要意义。冲突治理刚性主要包含合同刚性和执行刚性两个方面。

(1) 合同刚性。冲突事项必须在合同条款范围内,即合同刚性。冲突事项必须在合同文本规定的范围内,才能做到冲突治理"有据可依",否则冲突治理无论从法理还是逻辑上都难以进行。因此,冲突条款刚性是合同治理刚性的先决条件。从合同条款来看,合同刚性要求条款内容表达准确到位,无歧义条款。若对条款存在不同的理解,则无法做到条款执行的唯一性,也就谈不上合同刚性。此外,条款内容表达上不能出现诸如"协商、谈判、或者、可能"等表述,这些表述不利于实现执行的唯一性。

(2) 执行刚性。执行刚性要求冲突治理要严格依据合同执行,只有执行不打折扣,冲突才能取得预期的治理效果。冲突治理执行刚性是合同刚性的必由之路。执行刚性要求执行唯一性,一切以合同条款为依据,不能渗透个人情感因素,以完全理性为主导。忽略涉事人的额外个人诉求,以合同内容为目标,强制执行。

　　合同刚性和执行刚性共同组成了冲突治理刚性的基本内容。前者是前提,后者是实现治理刚性的必要条件。从两者的关系来看,合同刚性是执行刚性的前提,合同表述不唯一则更无法做到执行刚性;执行刚性是合同刚性的外在表现。对于项目管理者而言,要做到冲突治理刚性须两者兼备。解决合同范围内的冲突是合同治理的一项重要内容,也是项目启动开始前,合同约定的重要内容之一。

第二节　合同柔性治理

一、柔性治理的特点和作用

与刚性治理不同的是,冲突柔性治理强调的是冲突的可协商性,具有较大的谈判空间,并且冲突的当事方不仅有化解冲突的意愿,而且有化解冲突的可能性和可操作性。若无特殊说明,本节所指的合同柔性仅仅指合同内容柔性,并不包括执行柔性。理由是执行柔性须建立在合同内容柔性前提下,若合同内容刚性而执行柔性,则执行本身就不符合同要求,不是本节讨论的内容。冲突刚性治理在现实的冲突治理中有较大的局限性,如解决合同范围外冲突乏力,未考虑当事方情感反馈,不利于调动各方积极性,不利于提高项目最终绩效等。冲突刚性治理的这些局限性恰好可以通过柔性治理来弥补。实践表明,项目最终取得成功,仅仅依靠刚性治理是不够的,柔性治理在提高项目绩效方面发挥着独特的作用。

柔性治理具有以下特点[①]:

(1) 治理结构的扁平化和网络化。治理结构是从事管理活动的人们为了实现一定的目标而进行协作的结构体系。刚性治理下的组织结构大多采取的是直线式的、集权式的、职能部门式的治理结构体系,强调统一指挥和明确分工。这些治理结构的弊端是信息传递慢,适应性差,难以适应信息化社会中组织生存和发展的需要。柔性治理提倡组织结构模式的扁平化,压平层级制,精简组织中不必要的中间环节,下放决策权力,让每个治理主体都获得独立处理问题的能力,发挥治理主体的创造性,提供人尽其才的治理机制。与此同时,通过治理结构的扁平化,使得纵向管理压缩,横向管理扩张,横向管

---

① 柔性管理[EB/OL].[2022-08-01]. https://baike.baidu.com/item/%E6%9F%94%E6%80%A7%E7%AE%A1%E7%90%86/9496393?fr=aladdin

理向全方位信息化沟通进一步扩展,将形成网络型组织,治理主体就是网络上的节点,大多数节点相互之间是平等的、非刚性的,节点之间信息沟通方便、快捷、灵活。

(2) 决策的柔性化。在传统的刚性组织中,决策层是领导层和指挥层,决策自上而下推行,组织成员是决策的执行者,因此决策往往带有强烈的高层主观色彩。柔性决策中决策层包括专家层和协调层,决策是在信任和尊重其他治理主体的基础上,经过广泛讨论而形成的。与此同时,大量的管理权限下放到基层,许多问题都由基层组织自己解决。决策柔性化的第二个表现是决策目标选择的柔性化,刚性管理中决策目标的选择遵循最优化原则,寻求在一定条件下的最优方案。柔性管理认为,由于决策前提的不确定性,不可能按最优化准则进行决策,提出以满意准则代替最优化准则,让决策有更大的弹性。

(3) 激励的科学化。为了充分调动治理主体的积极性、主动性和创造性,实行科学的激励方法是柔性治理的重要机制。柔性治理认为,高效激励是对组织成员的尊重、信任、关心和奖励的全面综合,激励分为物质激励和非物质激励,在实施时要充分将二者相结合。物质激励属于基础性的激励办法,能满足组织成员的低层次需求,却无法在激励中发挥更大的作用;非物质激励则能满足治理主体对尊重和实现自我的高层次需求,它力求为组织成员创造宽松、平等、相互尊重和信任的工作环境,提供发展机遇,实行自主管理、参与管理等新的管理方法,这正是柔性治理应达到的目标。

相对于刚性治理,柔性治理对组织功能的作用包括:

(1) 激发人的创造性。在工业社会,财富主要来源于资产,而知识经济时代的财富主要来源于知识。知识根据其存在形式,可分为显性知识和隐性知识,前者主要是指以专利、科学发明和特殊技术等形式存在的知识,后者则是指人的创造性知识、思想的体现。显性知识为人所共知,而隐性知识只存在于人的头脑中,难以掌握和控制。要让人自觉、自愿地将自己的知识、思想奉献给企业,实现知识共享,单靠刚性治理难以实现,只能通过柔性治理。

(2) 适应瞬息万变的外部环境。知识经济时代是信息爆炸的时代,外部环境的易变性与复杂性一方面要求战略决策者必须整合各类专业人员的智慧,另一方面又要求战略决策的出台必须快速。这意味着必须打破严格的部门分工的界限,实行职能的重新组合,让各个治理主体获得独立处理问题的能力、独立履行职责的权利,而不必层层请示。因而仅仅靠规章制度难以有效地管理该类组织,而只有通过柔性治理,才能提供"人尽其才"的机制和环境,才能迅速准确地做出决策,在激烈的竞争中立于不败之地。

(3)满足柔性生产的需要。在知识经济时代,人们的消费观念、消费习惯等在不断变化,满足个性消费者的需要,这是当代生产经营的必然趋势。知识型组织的这种巨大变化必然要反映到治理特征上来,导致治理特征的转化,使生产组织柔性治理成为必然。

项目合同作为一种项目治理手段,除了具有刚性治理特征外,同样具备柔性治理特征。每个项目千差万别,在项目建设过程中,每个项目遇到的冲突也不尽相同。通过合同将所有项目的冲突都包含在内是不现实的,这就是所谓的关于冲突事项的合同不完备性。冲突事项的合同不完备性是客观的,合同的不完备性为冲突柔性治理提供了空间。在拟定合同时希望将合同履行中的冲突都包含在内,客观上又无法做到,于是在草拟合同条款时采用粗略措辞、概括性条款、预设谈判机制等做法来应对合同外冲突。面对合同外冲突,上述做法为冲突柔性治理提供了空间,为双方进一步谈判协商提供了合同基础。

二、合同柔性治理空间

需要指出的是,冲突发生后,双方就冲突事项达成和解,并达成一致协议,一般以备忘录或补充协议的形式完善合同内容,合同的完备性进一步得到加强。随着备忘录或补充协议次数的增加,合同完备性得到持续加强,相应地,合同柔性治理的空间逐渐变小。

假设甲乙双方因合同内事项而发生冲突,且该合同内事项存在柔性治理的空间,存在因待分配利益 T 引起的冲突,T 只在甲乙之间进行分配。分配规则记为 V,该分配规则虽然受合同约束,但却存在谈判空间。若甲乙双方

可得利益为 $T_甲$、$T_乙$，则应有

$$T = T_甲 + T_乙 \tag{3.1}$$

且

$$T_甲 \in (T_甲^1, T_甲^2, \cdots, T_甲^n) \tag{3.2}$$

$$T_乙 \in (T_乙^1, T_乙^2, \cdots, T_乙^m) \tag{3.3}$$

式中，(n, m) s.t. V。

　　合同中的分配规则决定了甲乙分配的可能性为有限个，分别为 n、m，$(T_甲^1, T_甲^2, \cdots, T_甲^n)$ 为甲方的利益分配空间，$(T_乙^1, T_乙^2, \cdots, T_乙^m)$ 为乙方的利益分配空间，且这些利益分配可能性受合同制约。可见，如何确定 $T_甲$ 和 $T_乙$，有多种方案，这说明甲和乙的利益分配从合同条款层面看存在较大弹性空间。

第三节　合同刚性治理与柔性治理的辩证关系

　　合同的刚性治理和柔性治理作为两种不同的治理特征发挥着不同的作用。从工程实践的结果来看，两种治理特征并非对立的关系，而是互补的关系。工程项目在实施过程中，不确定性因素多，风险大，情况复杂。工程合同作为一种治理框架，刚性治理条款和柔性治理条款的内容侧重和表述方式都有较大不同。两种治理特征存在辩证统一的关系。

　　（1）刚性治理属于柔性治理的特殊情况。一般柔性治理存在治理空间，刚性治理则较为单一。从治理途径和治理目标来看，柔性治理包含刚性治理，柔性治理的空间和范围更广。

　　（2）刚性治理在一定程度上可以转化为柔性治理。合同刚性治理包含条款刚性和执行刚性，而在执行过程中常常并不完全和条款吻合，存在较多的人为因素，执行尺度可能不一。尺度大了，就成了柔性治理。相反，条款柔性一般无法转化为刚性治理。

　　（3）刚性治理与柔性治理互相补充，并不对立。纯粹的刚性合同不利于改善项目绩效，项目管理效果也难以实现预期目标；而纯粹的柔性合同又会使项目陷入机会主义和无序的状态。只有两种治理特征并存才能妥善处理项目实施过程中存在的种种问题。

第四节　项目关系治理

一、关系的测度

关系,即所谓的人际关系。莫里诺提出用社会测量法[①]对人际关系进行研究,开创了使用定量方法研究人际关系的先河。该方法主要用于测量人际关系及人际互助互动的关系。通过该方法测量人际关系,能够了解人际知觉方式和团队凝聚力等基本特征。

1) 背景与假设

莫里诺认为,在人类社会活动中,团队成员之间由于互相交往,形成了相互作用的关系,在心理上对彼此形成了固定的印象,从而影响了对待彼此的行为。那么,若能定量考察成员之间的人际吸引状况,就能预测成员之间的行为取向。如果成员彼此认同,那么他们之间在心理上是互相接纳的关系;相反,如果成员彼此否定,那么他们从心理上是互相抗拒的状态,属于排斥属性。基于以上分析,从某种程度上来说接纳程度能基本反映成员彼此之间的人际状态,肯定、否定或者中立状态代表着人际距离。如果能测量出成员在群体中的选择与被选择状况,就可以大致反映出本人的人际状况。另外,成员的人际状况也能反映其在群体中的地位及成长趋势。

2) 社会测量法的特点

(1) 变量具有社会性。它主要用于研究人际关系及其人际结构特点,重点反映人与人之间的互动及相互作用关系。

(2) 社会测量的各种指标反映的是对人的某种评价,现实中,人们对自身的评价并不清晰,因此,社会测量容易引起被测人的兴趣。

---

① 社会测量法[EB/OL].[2022-08-01].https://baike.baidu.com/item/%E7%A4%BE%E4%BC%9A%E6%B5%8B%E9%87%8F%E6%B3%95/6678035

(3) 社会测量一般反映个体在群体中的人际状况,适合小样本研究。研究结果除了反映人际状况外,还在一定程度上反映了团队效率和凝聚力状况。

3) 测量标准

(1) 在开始研究前,需要考虑标准的性质和数量等。标准的多少需要根据研究课题的情况具体确定,标准不宜过多,也不宜过少。另外,选择标准要有有效性和针对性,有效性不高或者无效指标不仅增加工作量,还会干扰模型,影响研究结果。

(2) 分析标准的重要性程度。有时在分析人际状况时,对短期人际状况和长期人际状况要有所区分,那么变量的选择也应该有所区分。即便是同一变量,在评价时也应有所区分。社会测量将测量标准分为强标准和弱标准。强标准往往是长期标准,比如配偶关系、亲子关系等;弱标准一般面向短期关系,比如某次聚会活动等。因此,在研究课题之前,应先分析人际关系测量的时间尺度。

(3) 标准的选择应明确具体,不能含糊不清或者模棱两可。在设计调查问卷时,测量标准应明确,受试者与研究者应信息对称,避免造成彼此理解差异而影响研究质量。比如"与对方的契合度":何为"契合度"? 是文化契合度,还是认知契合度,抑或是信仰契合度? 标准不明确,问卷结果将出现较大偏差。

(4) 标准的设计可以积极,也可以消极。积极的方式如:"你和谁一起工作更能调动你的情绪?""你更期待和谁在一起?"。消极的方式如:"你和谁在一起会感到紧张和不安?""你和谁在一起如坐针毡?"。消极的方式一般会使受试者感到焦虑与不安,应酌情使用。

(5) 测量标准的使用应根据受试者的具体情况酌情考虑,以满足研究需要为第一目标。

4) 具体实施过程

在测量前,如果有明确此次研究说明的应告知受试者,那么受试者应自行决定是否参与本次测量,同时对测量结果进行保密。受试者在不受约束的条件下,能够放松心情,尤其应避免在现场测量时,造成团队成员尴尬,使受试者的测试结果失真。另外,由于测量标准条目专业性强,可能存在受试者不理解的情况,因此在必要时,应向受试者说明测量标准的含义。总之,研究者和受试者应建立良好的关系,在轻松的气氛中完成测量工作。

社会测量法一般包含以下几种方法:

(1)排序法。简单地说就是将团队成员按照自身喜好排出等级顺序,然后根据排序结果进行加权计分。例如,给关系最好的成员5分,给关系次好的成员4分,给关系最不好的成员0分,然后按照一定的分数处理方法给出每个人的分数等级。

(2)靶式社会图。这种方法类似于射击靶,以靶向图的形式体现被选频次,靶心为频次最高的人,就是关系最好之人;越往外周,被人选择的次数越少,关系就越远。当然,这种以靶向图表示的人际关系示意方式也可以用其他类型的图示来表示。

(3)猜测技术。这种方法是给受测人描述一些积极或者消极的描述,让受试者根据这些描述寻找匹配或者大致匹配的人,然后用统计的方式对人际状况进行分析。猜测技术实际上是一种对彼此估计判断的手段,分析对彼此的了解程度。

5)应用

社会测量法在社会学、政治学等人文学科中有着广泛应用,可以了解群体内部几个方面的问题:一是群体中最受欢迎的人;二是团队中小团队情况;三是了解群体内部整体甚至局部人际关系情况。

社会测量法可以将群体成员的人际状况数量化。根据专业测量表,有些测量结果并不被受试者察觉,比如成员之间的情感联系、认同内容与价值取向等。

社会测量法相比于其他研究方法,相对节约时间。社会测量法一经面世,立即受到学界的广泛关注,被广泛应用于公司、学校、医院人力资源管理,尤其是应用于人员招聘和晋升的选拔过程中。大量的学者对社会测量法的发展做出了很大贡献,提出了一些改进措施,如现在被广泛应用的儿童群体测量的同伴测量法、用于测量成员选择动机的"参照测量法"和"关系测量法"等。随着社会的不断发展,社会测量法还将应用于其他各个领域。

本书对关系的定量研究参照等级排序法,将关系的远近定量化。通过连续区间代数的形式将关系远近定量化,用于后续各个章节的研究。

二、关系的影响因素

（1）文化背景。文化背景的维度较多,包含语言、交往态度、受教育程度、文化素质及文明水平差异等,比如有些人到了国外,能够很快适应国外的环境,迅速建立朋友圈;有些人到了国外却难以适应国外生活,始终形单影只。这说明不同的个人适应国外环境的能力差异较大。

（2）社会背景。社会背景的维度同样较多,包含身份、角色、地位及性别等。一个具有小学学历和一个具有本科学历的人共事,双方悬殊的教育背景使其自然难以建立起亲密的关系。

（3）思想观念。主要包括认知、情绪、行为方式及个性特征等。具体来说,双方的思维定势、观点观念、情绪状态、气质、性格、价值观、品行等均能影响彼此交往的深度和层次。人际吸引研究表明,交往双方在空间上的接近性、在个性特征和态度方面的相似性、在期望和需要方面的互补性,均可增进彼此的吸引力。

人际关系良好的人常常表现为乐于沟通,愿意与人交往,常常被认为有人缘。有研究表明,受人欢迎的人一般重视聆听,尊重别人的隐私,不过分谦虚,勇于承认错误并且主动承担相应后果,不为自己找借口,不搪塞别人,遵守信用,守时等。相反,一些不受人欢迎的人的特征主要有以自我为中心,过于依赖别人,不尊重他人,敌视对方,偏激,自卑,不合群,自闭等。总之,人际关系是否良好可以从直观了解,人际关系良好的人基本表现为与其他人互动较多,人际交往意愿强,被接纳度高等;人际关系较差的人一般表现为被孤立,独来独往,惧怕人际交往,自信心不足等。

人际交往不仅仅是一门高超的艺术,而且还是一门学问。人们只有发挥自身的交往优势,才能提高交往效果,增强自身的人际交往能力。人际关系不善者需要结合自身情况,学习人际交往技巧,才能改善人际关系。在日常生活中,人际关系还包含礼仪、风俗、习惯等。比如对人称呼要得当,登门拜访要有礼貌,说话要适当谦卑,不能趾高气扬等。

三、关系对冲突治理的影响

为了获得良好的冲突治理机制,在合同中设计相关治理机制是主要途径。除了合同以外,关系作为治理冲突的另外一个重要途径,同样发挥着重要作用。项目冲突所依赖的合同治理更加强调双方履约的效果,较为刚性;关系治理则正好相反,其治理途径与当事人的情感、沟通、信任等软性因素直接相关,较为柔性。

人际关系对冲突治理有着一定的影响。一般而言,冲突的发生与人际关系密不可分。之所以爆发冲突,一般与不良的关系有关。因此,建立良好的关系是有效避免冲突的重要途径之一。从冲突负面功能的角度看,建立良好的关系能降低冲突发生的可能性,此为其一;其二,冲突发生后,应加强对关系的修复,使冲突尽快平息。从冲突积极功能角度看,冲突可与关系互动。一方面,低质量关系导致了冲突的发生;另一方面,冲突能促进关系的改善。互动观点强调管理者要鼓励积极的冲突,认为融洽、和平、安宁、合作的组织容易产生变革和革新,一定水平的冲突会使组织保持旺盛的生命力,善于自我批评和不断革新。

第五节 关系的刚性治理与柔性治理

一、刚性治理的表现形式

传统的观点认为关系治理是柔性的,存在谈判和协商的空间,冲突的关系治理同样具备这方面的特征,但这需要建立在良好关系的基础之上。若冲突治理各方关系不良,甚至恶劣,则冲突治理基本没有谈判协商的空间,表现为关系治理刚性。冲突强势一方将占据主动,他所做出的选择明显有利于其自身。外在表现为强势一方不计他人得失,专断决策。关系治理刚性具有以下特征:

(1) 冲突当事方原本关系不良,处于较低的互动状态;

(2) 外部力量介入效果微弱,表现为当事方矛盾较难调和;

(3) 强势的一方做出的决断认为是最优的,但未考虑项目和其他各方的利益;

(4) 谈判空间狭小,双方基本无法协商;

(5) 冲突治理过程短,当事方较易产生矛盾,易累积,不易彻底消除。

冲突治理刚性的缺陷是显而易见的,一方面,通过关系要素刚性治理冲突表面上看可以使冲突化解,但实际上当事方矛盾不仅没有消解,反而会因此次冲突积怨更深,为后续互动再次爆发冲突埋下隐患。另一方面,冲突关系刚性治理消极的成分较多,无论对当事方还是整个项目的绩效而言,均是不利的,在项目冲突治理过程中,不值得提倡。冲突合同刚性治理和关系刚性治理的主要表现形式和特征如表 3.1 所示。

表 3.1　冲突合同刚性治理和关系刚性治理的主要表现形式与特征

治理方式	表现形式	特征
合同	严格依据合同内容；严格执行	治理迅速，成本较低，负面效应较小
关系	关系不良；互动差；谈判空间狭小；一方专断，另一方被迫接受	持续时间短，矛盾难以调和，外部力量难以介入，负面影响难以消除且持续时间长

二、柔性治理的表现形式

与合同柔性治理略有不同，关系柔性治理所涉及的冲突事项大多不在合同范围内，这些没有合同约束的冲突事项只能通过协商解决，谈判协商的结果与当事方的关系是否良好有很大关系。若当事方关系良好，则谈判存在较大空间，即使当事方利益分配不均衡，甚至一方利益受损，也能妥善化解冲突；相反，若当事方原本关系不良，则谈判空间变得狭小，关系治理变为刚性。因此，关系柔性治理的前提条件是当事方关系良好。事实上，冲突关系柔性治理不仅对单一冲突显著有效，对后续其他冲突乃至整个项目的冲突治理都有明显的促进作用。如第一次冲突采用协商的方式解决，当事方获得的利益并不均衡，得益一方和受损一方为下次可能的冲突奠定了谈判基础。从中可以看出，通过关系柔性治理冲突更强调治理冲突的艺术性，而非机械照搬某种规则。冲突关系柔性治理除了和当事方原本的关系有直接关系外，还和当事方即时的情绪、态度意愿，甚至是周围社会环境、自然环境有一定关系。

假设甲乙双方因合同外事项而发生冲突，且该事项存在柔性治理的空间，存在因待分配利益 S 引起冲突，S 只在甲乙之间进行分配。分配规则记为 W，该分配规则未受任何文本合同的约束，存在较大的谈判空间。若甲乙双方可得利益分别为 $S_甲$、$S_乙$，则应有

$$S = S_甲 + S_乙 \tag{3.4}$$

且

$$S_甲 \in (S_甲^1, T_甲^2, \cdots) \tag{3.5}$$

$$S_乙 \in (S_乙^1, T_乙^2, \cdots) \tag{3.6}$$

与合同柔性治理不同的是,关系柔性治理中甲乙的分配规则有无数种可能情形,且不受任何限制。

冲突柔性治理在冲突治理中发挥着重要作用。合同柔性治理与关系柔性治理虽然都属于柔性治理范畴,但两者有着显著的区别。关系柔性治理冲突事项一般不属于合同事项,当事方处理冲突自由度较大,当事方协商几乎没有限制。合同柔性治理冲突事项一般属于合同事项,并且该事项受到合同的限制,当事方处理冲突时,受到合同一定程度的制约。此外,两种柔性治理方式在实际操作上具有一定的相似之处,如柔性治理的结果常常是当事方对冲突事项进行备案或以补充协议的方式对冲突事项做出进一步的明确,以防止类似冲突发生后,出现手足无措的情形。无论是合同柔性治理,还是关系柔性治理,都需要建立在良好关系的基础之上,良好关系是当事方持续互动的必要条件。

冲突的合同柔性治理和关系柔性治理并不是截然对立的,合同柔性治理常常包含着关系柔性治理。换句话说,合同柔性治理也需要建立在良好关系之上,如果关系不良,合同柔性治理期望效果也不佳。综上,柔性治理包含着关系的因素,任何具有协商谈判空间的冲突事项,均需要维持良好的关系,否则高效治理冲突无从谈起。

第六节　关系柔性治理空间

合同与关系的柔性治理空间的大小有较大的不同。合同的柔性治理因受到合同条款的限制,治理空间受条款的影响较大。对于合同内冲突而言,条款规定越细,越充分,柔性治理的空间越小,治理越偏刚性。同时,随着合同备忘及补充协议的不断更新和完善,合同柔性治理的空间将越来越小。

关系柔性治理空间一般不受合同的制约,治理的空间相对较大。由上节分析可知,关系柔性治理与关系的良好程度有密切关系。为了便于理解,将当事方关系良好的程度采用 λ 来表示,$\lambda \geqslant 0$。当 $\lambda = 0$ 时,说明冲突当事方的关系降到冰点,则几乎不存在柔性治理的可能;λ 越大,关系越好,柔性治理的空间越大。将柔性治理空间较大、一般和几乎不存在等几种情况设定关于 λ 的阈值,则有

$$\begin{cases} \lambda \geqslant \lambda_a & \text{关系良好} \\ \lambda_b \leqslant \lambda < \lambda_a & \text{关系一般} \\ 0 \leqslant \lambda < \lambda_b & \text{关系不良} \end{cases} \tag{3.7}$$

若冲突当事方因待分配利益 R 发生冲突,甲方处于相对强势一方,乙方相对弱势,则 R 由双方自由协调分配。

(1) 若 $\lambda \geqslant \lambda_a$,则当事方关系良好,甲乙双方获得利益的区间都较大,也就是柔性治理的空间较大。

$$R_甲 \in [0, R] \tag{3.8}$$

$$R_Z = R - R_甲, \quad R_Z \in [0, R] \tag{3.9}$$

(2) 若 $\lambda_b \leqslant \lambda < \lambda_a$,则当事方关系一般,甲方易采取更有利于自身的决策,乙方缺少与甲方谈判的背景,易成为被动接受的一方。

$$R_甲 \in [k_a R, R], \text{ 其中 } k_a = \frac{\lambda}{\lambda_a} \tag{3.10}$$

$$R_Z = R - R_甲, \quad R_Z \in [0, (1 - k_a)R] \tag{3.11}$$

可见，当双方关系一般时，双方待分配利益的区间明显小于关系良好的状况，乙方在利益分配上明显处于劣势，柔性治理空间大大减小。

（3）若 $0 \leqslant \lambda < \lambda_b$，则当事方关系不良，双方互动较少，处于较为强势的甲方一般只做出有利于自身的决策，有时甲方考虑到项目整体的利益，乙方只能得到少量的利益。

$$R_甲 \in [kR, R], \quad \text{其中 } k \to 1 \tag{3.12}$$

$$R_Z = R - R_甲, \quad R_Z \in [0, (1 - k)R] \tag{3.13}$$

如果冲突当事方关系不良，那么乙方几乎得不到可观的收益，柔性治理空间接近于零，几乎转为刚性治理。

第七节 关系柔性治理中的利益平衡与关系改善

项目冲突治理成功的必要条件是各方都能从项目建设中获得预期收益。关系刚性治理未能充分考虑各方当事人的需要,强行分配利益,造成部分当事人心理不平衡,不利于项目整体绩效的提高。柔性治理充分考虑了冲突各方的心理需要,通过平衡利益以达到稳定团队,提高项目和各方绩效的目的。

以项目团队中甲乙双方两次冲突为例,分析双方柔性治理冲突是如何通过利益平衡达到冲突善治的目的的。

回合一:

假设在项目建设的某个时间节点发生了合同外冲突,需要通过双方协商化解。若待分配利益为 R^1,甲期望得到的收益为 $R^1_甲$,乙期望得到的收益为 $R^1_乙$,冲突的原因在于

$$R^1_甲 + R^1_乙 > R^1 \tag{3.14}$$

双方关系良好,由式(3.14)可得 $R^1_甲 \in [0, R^1]$,$R^1_乙 \in [0, R^1]$。本着能够化解冲突,继续合作下去的目的,甲向乙说明了获得 $R^1_甲$ 的原因,由于此前合作愉快,互相信任,乙相信在后续的合作中能够得到补偿,遂决定让步。甲得到了预期收益 $R^1_甲$,乙只能得到

$$R^{1'}_乙 = R^1 - R^1_甲 \tag{3.15}$$

式中,$R^{1'}_乙$ 为乙实际获得的收益,且 $R^{1'}_乙 < R^1_乙$。乙收益的期望差值为

$$\Delta R^1_乙 = R^1_乙 - R^{1'}_乙 \tag{3.16}$$

也就是说,乙收益的期望差值被甲占有。

69

回合二：

双方在此后的合作中，又发生了一次合同外冲突，若此时冲突的待分配利益为 R^2，甲期望得到的收益为 $R_甲^2$，乙期望得到的收益为 $R_乙^2$，冲突的原因在于

$$R_甲^2 + R_乙^2 > R^2 \tag{3.17}$$

由于双方关系良好，甲考虑到在第一回合冲突中乙让利 $\Delta R_乙^1$，遂决定在第二回合冲突中，在自身能接受的利益范围内给予乙方补偿，尽量满足乙方的利益诉求。甲实际得到的收益为

$$R_甲^{2'} = R^2 - R_乙^2 \tag{3.18}$$

甲收益的期望差值为

$$\Delta R_甲^2 = R_甲^2 - R_甲^{2'} \tag{3.19}$$

甲收益的期望差值被乙占有。

综合两个回合的冲突可以发现，对甲而言，两次冲突利益平衡的结果为

$$\Delta R_甲^{12} = \Delta R_乙^1 - \Delta R_甲^2 \tag{3.20}$$

对乙而言，

$$\Delta R_乙^{12} = \Delta R_甲^2 - \Delta R_乙^1 \tag{3.21}$$

若 $\Delta R_甲^{12} = \Delta R_乙^{12} = 0$，则表明两次冲突后，甲在第一回合冲突中占有乙方预期收益的部分恰好与第二回合中乙方占有甲方预期收益相等。通过两次冲突，甲乙双方的预期收益实现均衡。若 $\Delta R_甲^{12} > 0$ 或 $\Delta R_甲^{12} < 0$，则虽然两次预期收益差值并不相等，但两次冲突双方均有让步，双方至少能从心理上得到补偿。

双方在合作中经过 n 个回合冲突后，甲的利益平衡结果为

$$\Delta R_甲^{1n} = \Delta R_{OOT}^1 \pm \Delta R_{OOT}^2 \pm \cdots \pm \Delta R_{OOT}^n \tag{3.22}$$

$$\Delta R_甲^{1n} = -\Delta R_乙^{1n} \tag{3.23}$$

式中，OOT 表示甲或乙。

由式(3.22)和式(3.23)可知，冲突柔性治理过程更注重从项目整体上平

衡各方利益,在发挥团队成员积极性、保证稳定性方面比刚性治理更具有优势。

在关系建设方面,项目管理实践的持续互动大大提升了彼此的互信程度。冲突关系柔性治理考虑了各方利益,协商空间较大,能从时间尺度和空间尺度上妥善安排各方利益。冲突关系柔性治理次数越多,各方对彼此的互信程度越深,越有利于关系的改善,可以说冲突关系柔性治理的次数和彼此关系的持续改善成正相关关系。

本节所陈述的柔性治理中的利益平衡问题,其实质是治理方为了冲突治理成功所采取的治理手段。各方从单一利益冲突中无法寻找到解决突破口,只能从项目本身全盘考虑,从不同冲突中寻求各方利益的平衡,这样便解决了单一利益冲突无解的问题。项目冲突关系柔性治理不仅能化解冲突,对各方的关系建设同样发挥着不可忽视的作用,各方在经历多个冲突"磨砺"之后,关系也随之加深,并为后续合作奠定了良好的基础。

本 章 小 结

　　合同治理和关系治理是工程项目冲突治理的两个主要途径,两者均具备刚性和柔性治理特征。合同治理的刚性特征主要表现在严格依据合同条款治理冲突,合同条款是冲突治理的主要依据,高效、迅速、低成本是合同刚性治理的主要特点。合同治理还具有柔性特征,表现在概括性条款、不确定事件谈判机制的设置上等,也是合同不完备性的体现。换句话说,冲突合同柔性治理机制的设置主要是为了应对合同不完备性特征,为一些合作中可能出现、但没有完全把握的冲突提供解决策略。

　　冲突关系治理更多地适用于一些合同外冲突。关系治理同样具有双重特征。本书重点分析了关系的柔性治理特征,阐述了柔性治理空间以及如何通过关系治理加强双方关系的建设,具有重要的理论和现实意义。

第四章

面向项目冲突的合同治理结构与治理机制设计与应用

项目冲突在工程项目中普遍存在。通过合同约定冲突事项的处理，做到有"章"可循，能有效提高冲突管理效率。合同本身具备的法律效力能保证冲突管理的可操作性。冲突当事方面对棘手问题时，合同文本是解决问题的首选途径。本章将从合同出发，在治理理论的视角下，研究工程项目冲突合同治理结构与治理机制的特点，为其他工程项目冲突治理设计与应用提供参考。

第一节 冲突治理结构设计

一、治理主体

治理主体是指治理结构中的独立单元,具有完全民事行为能力。作为工程项目的发起人,业主是工程项目的拥有者。工程项目带来的收益受到国家法律保护,任何人不得侵犯。业主的最终目标是使项目收益最大化,但前提是在充分的市场竞争中实现社会的帕累托最优。然而,现实的市场并不是完美的,公司作为一方主体,其本身与其他项目主体不可避免地存在利益冲突。单纯从业主角度出发而忽视其他项目利益相关者的收益,这并不利于项目甚至是工程行业的可持续发展。此外,工程项目不可能脱离社会环境而存在,项目建设过程中,项目外的利益相关方的收益直接或间接受到项目的影响。这就要求业主需要平衡好各方利益,建立科学合理的治理体系是保障各方利益的重要途径。一个完善的治理体系不应该只考虑部分主体的利益,而应考虑所有利益相关方的利益,只有这样,项目建设才能可持续。为了确保工程项目成功实施,业主及其代理人——施工企业、政府、供应商、咨询公司及其他社会团体应密切配合。可见,项目治理主体应包括项目内和项目外两部分,项目内的治理主体包括业主、施工单位、勘察设计单位、监理单位、咨询单位等;项目外的治理主体是指政府部门、市政配套单位、周边居民群众等。需要说明的是本书所涉及的咨询公司是指除勘察设计,监理以外的咨询单位。

合同治理结构是指治理某一事务的主体及相互关系。合同治理结构体现的是事务治理过程中各主体的"相对位置",是一种定义各方权责利关系的框架体系,体现的是主要利益相关者的契约关系。合同治理结构在一定时期内保持相对稳定,它与当地的社会经济状况、行业惯例有较大关系。合同治理结构关系着事务的治理成败与效率,是事务治理的根本。从合同的角度看,冲突治理同样需要定义高效的治理结构。常见项目治理主体如图 4.1 所示。

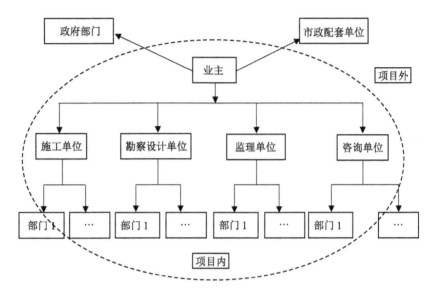

图 4.1　常见项目治理主体示意图

在项目建设过程中,项目团队遇到的冲突种类繁多。不同类型的冲突治理主体也不尽相同。因此,在制定合同治理结构时既要考虑冲突的特殊性,又要兼顾冲突治理的普遍性。在项目团队中设置冲突治理委员会是治理冲突较为常见的做法,冲突治理委员会由各个单位的主要负责人组成,各自负责分管领域内的冲突。在有些合同中,虽然未明确冲突治理委员会的提法,但在实际的操作中,治理主体却发挥着冲突治理委员会的作用。冲突的缘由多数是因利益的不可调和而引起,因此,冲突协调的主体一般都由各个单位部门的主要负责人担任,以图 4.1 为例,常见的项目冲突治理主体的关系如图 4.2 所示。

冲突合同治理结构反映了各方在冲突治理过程中扮演的角色及相互关系。图 4.2 将所有主体分为四个层级,每个层级各个单位在组织中的地位相似。Level 1 代表项目各成员单位内部部门。施工单位须在项目部设立技术部、施工机械部、合约部、安全部及后勤部等多个部门,服务于项目施工;监理单位须在现场设立技术部、安全部及必要的合约部;勘察设计单位和咨询单

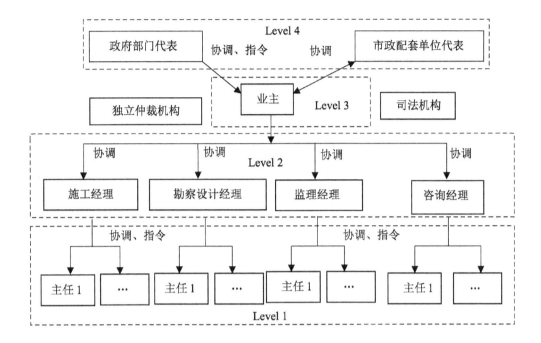

图 4.2　工程项目冲突治理主体的关系

位也存在在项目现场设置多个部门的情况。Level 2 代表项目各主要成员单位,包括但不限于施工、监理、勘察设计及咨询等单位,他们通过合同与业主监理建立承揽或委托关系,是项目实施的中坚力量。Level 3 代表的是项目业主(代表),是项目实施的实际控制人和领导者,发挥施工现场总指挥的作用。Level 4 代表的是与项目相关的政府部门和其他相关部门。Level 1～Level 3 共同构成了项目团队,而 Level 4 属于项目外单位。根据冲突是否发生在项目内部,可以将冲突分为项目内冲突和项目外冲突;根据冲突发生的当事人及所在单位,可以将冲突分为横向冲突和纵向冲突;根据冲突治理主体的不同,可以将冲突分为自我治理冲突和他人介入冲突。因此,不同类别的冲突,治理主体也有所不同。

1) 项目内、外冲突

项目内冲突的治理主体是项目内各成员,以图 4.2 为例,项目外冲突涉及较多的是政府部门、市政配套单位与业主之间的冲突,此类冲突的治理主体是业主、政府部门和市政配套单位。其中,政府部门对业主负有监管义务,两者发生冲突,强势的一方为政府部门,业主相对处于弱势地位;而业主与市政配套单位是平等的主体,冲突发生后,只有互相妥协让步才有助于冲突的解决。需要指出的是项目外冲突应当包含所有与项目建设相关的其他社会环境,周边居民冲突,以及其他与该项目有利益冲突的社会单位都应包含在此类范畴内。以上冲突协调无效时,第三方独立仲裁机构,甚至是司法机关将作为治理主体参与冲突的协调解决。

2) 横向冲突与纵向冲突

横向冲突是指同一层级内同一单位部门内或不同部门间的冲突。具体表现为冲突当事方互相没有行政隶属关系,冲突难以协调。在 Level 1,横向冲突常常表现为同一单位内不同部门之间的冲突,治理的主体除了冲突当事人外,一般还有双方共同的上级主管领导。在 Level 2,横向冲突为不同成员单位之间的冲突,治理的主体除了当事人(代表)外,还有与其有共同合同关系的业主(代表)。在 Level 3,横向冲突表现为业主与项目建设有关的平级单位之间的冲突,一般为项目外冲突,治理主体为冲突当事人。若以上主体协调冲突无效,将会诉诸仲裁机构甚至是司法机构。纵向冲突的当事方一般是上下级,治理的主体只能是冲突的当事方。在 Level 1 与 Level 2 之间,纵向冲突主要是单位经理与下属部门之间的冲突;在 Level 2 与 Level 3 之间,纵向冲突主要是业主与施工、勘察设计、监理,甚至是咨询单位之间的冲突;在 Level 3 与 Level 4 之间,纵向冲突主要是业主与政府部门之间的冲突。当以上主体难以协调冲突时,只能引入仲裁机构或司法机关等治理主体介入冲突。横向冲突与纵向冲突治理主体的区别除了表现在当事方之间的关系上,还表现在治理主体上,与后者相比,前者共同的上级或发包方也能参与冲突协调。

3) 冲突的自我管理和他人管理

冲突自我管理的主体是冲突的当事方,通常是两方,但也不排除少数多方的情形。他人管理强调的是出于某种目的的考量,第三方介入冲突,管理主体变为当事方和第三方。这里的第三方不仅仅指与当事方有直接管理关系的领导或发包方,也指中立的第三方,包括仲裁机构或司法机关。

二、冲突治理主体的演化

冲突治理主体不是一成不变的。随着冲突的不断演化,治理主体也会发生变化。比如,若施工方项目经理与总监发生冲突,则在合同治理上,首先应强调冲突当事方自我治理,在无解的情况下,应让主管领导介入,若依旧无效,则应交由仲裁机构甚至司法机关介入。可见,随着冲突协调难度的增大,治理主体逐渐增多。此外,如果冲突逐渐升级,愈演愈烈,利益相关方逐渐增多,冲突半径逐渐扩大,那么参与治理冲突的主体也随之增多。

三、多种治理背景下的项目冲突治理

图 4.2 中各冲突主体存在多种背景关系,多种背景关系下的冲突治理状态提高了治理难度。单位部门内部显然是科层制,行政指令占据主导;项目实施成员单位与业主之间是合约制;业主与政府部门的关系也属于科层制;业主与其他项目外单位或个人属于非合同制关系。错综复杂的背景关系需要不同的治理策略予以应对。分析深层次原因可以发现,行政与合约关系决定了冲突治理的主体与治理策略。

四、权责利的定义

项目治理框架中不同治理主体分别扮演了不同的角色。每个治理主体所赋予的权责利代表了该主体应履行的职责。业主是项目的所有者,统筹整个项目的建设,管理着整个项目。业主通过招标的方式选定施工、勘察设计、监理等单位参与建设并适时支付报酬。项目能否顺利完成依赖业主的管理。施工单位通过签订承揽合同的方式承揽施工任务,以完成工程项目为目标,从业主方获取施工利润。设计单位承揽项目设计任务,以完成施工蓝图为目标,从业主方获取设计利润。监理单位受业主委托,对工程项目进行监督监管,使项目设计和施工符合业主意图和国家法律规范,从而获取咨询劳务费。

行业主管部门履行政府监管职能,从宏观上管理建设行业及工程项目,体现公共服务职能。行业主管部门以追求行业发展为目标和驱动,实现行业高质量发展。

对于项目冲突管理而言,其治理结构中不同主体将被赋予新的内涵,体现在不同的冲突管理职能上。在组建冲突管理委员会过程中,业主和监理分别被赋予了不同的职能,根据项目的不同而有所不同。在决策的过程中,业主和监理分别承担着不同的角色,根据项目的不同而有所不同。在决策执行过程中,同样如此。因此,在项目冲突治理框架中,不同主体的权责利的定义取决于其治理结构,这与传统较为固定的项目治理框架有所不同。对一些超大项目或者工期较长的项目,不同主体的权责利的定义甚至随着时空的变化而变化。

五、局部治理结构

由以上分析可知,图4.2的治理结构具有明显的局部特点。如果冲突发生在成员单位内部,冲突的解决只能依赖单位内部力量,业主一般不介入单位内部事务;如果冲突发生Level 2,治理主体是当事方和业主,没有其他特殊原因,其他单位一般不介入。可见冲突的主体一般只限于与冲突有利益关系的局部区域。局部治理是工程项目冲突治理的常见模式。局部治理模式最为显著的特点是冲突归属原则,即冲突在哪里发生,就应在哪里解决。局部治理模式首先强调的是局部解决冲突,无解时才借助外部力量协调冲突。它的优势是不用调动整个项目团队的资源,成本较低;冲突解决有针对性,在冲突发生、协调的过程中,暂不影响项目其他部分的运转(针对小规模冲突而言)。局部治理模式也有一定的局限性,如小规模冲突较为隐蔽,项目管理核心人员难以在第一时间了解冲突,甚至最终未知晓冲突已发生过。局部治理模式造成核心人员对项目管理信息了解不够充分,难以对项目有直观准确的把握,易导致决策失误。即便如此,局部治理仍旧作为项目冲突治理模式的首选治理结构。

六、业主中心治理结构

该模式适用于一些小型的项目,特别是没有进入招标程序,不需要强制监理的项目。这些项目一般以业主为中心,业主管理项目的一切事务。当项目团队发生冲突时,业主成了协调冲突的最高决策者。对项目有重要影响的冲突事务,一般都交由业主协调,业主成了承担协调冲突功能绝对的中心。冲突的业主中心治理模式的治理主体为业主和冲突当事方。

七、业主—监理分权治理结构

监理方在工程建设中负责项目管理专业事务,所有与项目建设有关的专业性事务一般都由监理方裁决。对一些大型项目,特别是经过正规管理程序的项目尤为如此。业主只负责项目行政方面的事务,业主和监理的相对分权而不越权为冲突分权治理奠定了基础。若冲突当事方因行政方面的事务引起冲突,则介入的第三方首先应是业主;若是项目建设方面的专业事务引起冲突,则介入的第三方应是监理方,且监理方在一定程度上有最终裁定权。这种分权治理模式强调了监理作为独立的主体,专业行为得到了各方的尊重。

八、冲突治理结构与治理绩效

冲突治理结构与项目的实际情况有关,并直接决定了项目冲突的治理绩效。若项目规模较小,则无须强制进入招标和监理程序,这样的项目可以采用业主中心治理模式,业主是冲突治理的中心;对于一些中型项目,可以采用业主—监理分权治理模式,业主和监理是冲突治理的核心;而大型的、有较大影响力的工程项目可以采用局部治理模式,强调冲突自治。显然,选择合适的治理结构对冲突治理绩效有着重要影响。常见的评价冲突治理绩效的指标有项目的工期、质量和费用。从表面上看,冲突治理的对象是人,评价人的绩效一般有勤奋、负责、态度、人际关系等指标,而这些指标反映在项目上恰恰能通过项目的工期、费用及质量体现。因此冲突治理结构的选择首先应以提升工期、费用及质量等绩效指标为首要目标。

需要指出的是,冲突治理结构与治理绩效没有直接的因果关系,也就是说治理结构不是治理绩效的充分条件,而只是必要条件,合理的治理结构是提升治理绩效的基础。此外,冲突治理结构与治理效率有关,而治理效率一般与治理绩效呈正相关关系。冲突治理效率是指冲突解决的速度以及治理结构对于各种冲突的可适应性,治理效率同样是治理结构是否优良的重要衡量指标。

九、冲突治理结构与治理机制的关系

冲突治理结构是冲突治理行为得以进行的基本骨架,是各种冲突治理机制赖以运行的基础。治理机制是冲突治理得以进行的制度保障。冲突合同治理需要建立在优良的治理结构与高效的治理机制之上。冲突治理结构与治理机制如同人体的骨架与肌肉,相辅相成,缺一不可。对工程合同而言,合适的治理结构与治理机制共同构成了高效的合同治理文本,治理主体的严格执行是冲突高效治理的关键。

第二节 冲突治理机制设计

一、治理机制设计的原则

"机制"即为系统工作原理,它告诉我们系统是如何运行的。冲突治理主体如何运用项目契约、代理人声誉、合同伙伴的诚信、共同目标等治理工具来实现利益相关者之间建立的权责利关系。冲突治理机制需要建立在内在驱动和外在驱动并举的基础上,内在驱动是冲突主体出于自身利益和现实的需要主动治理冲突,强调如何治理,冲突无法化解将直接威胁到自身利益;外在驱动需要建立在外部考核机制或比较压力之上,强调为何治理。冲突不仅损害各个利益相关方的现实利益,更对项目本身不利。包括项目业主在内的监督方须建立有效的考核规则约束各方的行为。冲突治理机制设计的原则主要基于以下几点:

（1）更好地实现冲突的解决,至少是暂时或是表面上的解决;

（2）更好地保障利益相关者的收益;

（3）更好地保障项目的利益。

本节将从内部治理机制和外部治理机制角度分析各方是如何通过两种机制实现项目冲突治理的。

二、合同内部治理机制

工程项目团队作为一个整体,只有通力合作才能获得各自收益。因此,建立合适的内外部治理机制驱使各方协调冲突是成功设计治理机制的外在体现。从合同治理机制设计角度看,内部机制包括但不限于冲突自治与传递机制、中心主体治理机制、全生命周期治理机制、治理方法和治理目标并举机制等。这些内部机制将为冲突各方设计合同冲突条款提供依据。

1) 冲突自治与传递机制

对于一些大型项目而言,冲突局部治理结构常常被运用,冲突自治与传递机制适用于局部治理结构,尤其对于大型项目,该机制治理冲突时较为有效。冲突自治强调的是冲突当事方自行协商解决冲突,双方可以采用妥协、让步、折中、融合甚至是搁置等处理手段解决冲突,强调内部解决,主要基于以下几个方面:一是冲突自治成本较低;二是冲突不易升级,负面影响不易扩散;三是自治更能有效消除冲突负面影响,治理更有效,更彻底。若冲突当事方自治失败,则应将矛盾转移,转移至上级或发包方,直至仲裁机构或司法机关。上级或发包方拥有更多的额外资源,在协调冲突时更有空间;仲裁机构和司法机关代表了权威的公权机构,处置冲突时更具公信力和强制力。冲突自治与传递机制如图 4.3 所示。

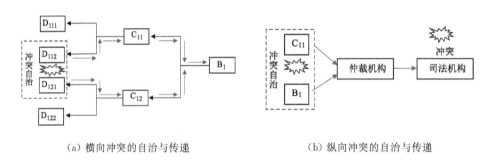

(a) 横向冲突的自治与传递　　　　　(b) 纵向冲突的自治与传递

图 4.3　冲突自治与传递机制

2) 中心主体治理机制

中心主体治理机制在协调冲突时更依赖项目团队的核心。根据中心主体数量的不同,中心主体治理机制可以分为单一制和多元制。以业主为治理中心的机制是典型的单一制;以业主和监理为治理中心的机制属于多元制。业主主体治理机制常见于小型项目,通俗地说,业主是协调冲突的核心,项目团队中的任何冲突都需要业主协调解决,如图 4.4(a)所示。以业主—监理为治理中心的机制强调双核治理,业主主导项目行政方面的冲突,监理主导项目建设专业事务方面的冲突,各司其职,并保持相对独立,如图 4.4(b)所示。

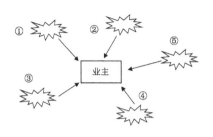 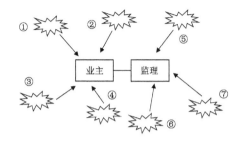

（a）以业主为治理中心的单一制　　　　　（b）以业主和监理为治理中心的多元制

图 4.4　中心主体治理机制

需要指出的是,图 4.4(a)与(b)中的冲突有一定区别。图 4.4(a)中的冲突未进行严格的分类,包括了项目团队中所有可能发生的冲突;而图 4.4(b)中的①～④为按照某一标准分类的同类冲突;⑤～⑦为按照另一标准分类的同类冲突,并明显区别于前者。中心主体治理机制并不意味着完全忽视冲突自治机制的作用,而是更加强调中心主体治理机制发挥主要作用。

3）全生命周期治理机制

对冲突的治理不仅仅只限于冲突爆发后的治理。冲突发生前的治理以及干预后的跟踪过程同样重要。冲突孕育期、爆发期及善后跟踪等全过程治理,也就是所谓的冲突的全生命周期治理应得到各方的重视。冲突全生命周期治理能在各个阶段对冲突进行监控,大大减小了冲突朝着预期外发展的概率。冲突全生命周期治理的机制如图 4.5 所示。

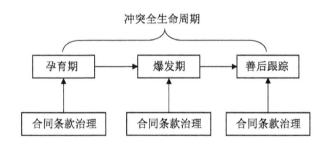

图 4.5　冲突全生命周期治理机制

在冲突孕育期,冲突发生发展的潜在势头已经显现,如何在冲突爆发之前对其进行有针对性的治理,防范于未然,需要在冲突治理机制设计中予以说明。如在合同条款中设计条款:"乙方如若对最终审计结果有异议,可以在10个工作日内向甲方提请复议申请,乙方若对甲方提议的第三方审计机构有异议的,可以与甲方协商确定独立的第三方审计机构。若10日内对最终审计结果没有异议的,则默认乙方接受审计结果。"这一条款的设置能有效预防乙方由于对审计结果不满与甲方发生冲突,在冲突的潜伏期,通过该条款就能遏制冲突发生发展。冲突爆发后,相关治理机制须依靠已设定好的治理结构发挥作用,优化完善治理机制,提高冲突治理的适应性。在冲突善后阶段,除了需要预防发生二次冲突以外,还需要重点关注冲突负面效应消解、团队工作绩效、项目产出绩效、类似冲突再生预防机制设计等重点问题。总之,冲突的全生命周期治理机制应作为冲突治理机制设计的重要内容予以考虑,这对高效治理冲突有重要意义。

4)治理方法和治理目标并举机制

在合同设计中需要强调冲突的治理方法和预期达到的治理目标。冲突治理与其他事务的治理的区别在于冲突治理强调化解双方对抗不合作引起的项目建设停滞现象。治理的核心在于如何通过重建双方利益分配,期望双方在治理后都能各取所需,重新进入良好的合作互动中。大多数冲突起因于利益冲突,利益冲突的排他性特征决定了双方你有我无、利益抢夺的特点。除了传统的妥协、让步、包容、折中等冲突应对方法外,全过程利益补偿平衡法、信息对称额外收益分配法、信息不对称额外收益分配法等策略在冲突治理实践中同样有效。

(1)全过程利益补偿平衡法

全过程利益补偿平衡法是指冲突的双方在全程合作中可能出现利益冲突之处彼此互相让利,以求长期合作中的利益平衡的一种策略。该策略在短期内可能一方占据利益分配优势,一方呈明显劣势,但长期来看双方的利益分配是平衡的。此方法适用于冲突自治的情形。

(2)信息对称额外收益分配法

信息对称额外收益分配法是指在信息公开的情况下,第三方对利益受损一方进行利益补偿,以达到受损一方心理平衡的策略。需要指出的是,第三方对受损一方的补偿需要建立在不侵害另一冲突当事方利益的前提下。该策略也称为阳光补偿,一般适用于冲突他人介入的情形。

(3) 信息不对称额外收益分配法

顾名思义,该补偿方案是在信息不对称的前提下进行的,尤其是冲突双方的信息不对称。第三方在对利益受损一方进行补偿的同时,对另一方进行信息屏蔽。这样做的目的主要是基于第三方的额外补偿从合同上或者伦理上对另一方构成了事实上的或潜在的利益侵害。对另一方的信息屏蔽这一策略选择是必需的。该策略一般适用于冲突他人治理的情形。

在冲突治理目标方面,有最高目标和最低目标之分,最低目标要求冲突治理的结果是冲突双方能有效合作,大大降低二次冲突的可能性;最高目标是冲突治理的结果是通过该冲突,无论是项目绩效还是团队成员绩效都有显著提升。

冲突治理方法和治理目标并举机制应在冲突合同设计中得到体现。从目前大多数工程合同来看,冲突治理方法一般都暗含在条款中,而治理目标一般很少在合同中得到体现。

三、合同外部治理机制

外部治理机制将迫使各方主动化解冲突,若冲突当事方不积极化解冲突,则代价将是巨大的。内部治理机制解决了冲突如何治理的问题,而外部治理机制解决为什么要治理冲突的问题。外部治理机制的设计侧重于如何给冲突当事方施加压力,迫使当事方主动治理冲突。合同设计者有意识地侧重外部冲突治理机制的设计不仅能更有效地治理冲突,而且对降低各方治理冲突成本也大有裨益。合同的外部治理机制包括但不限于:项目绩效监督考核机制、项目成员绩效考核机制、冲突评估和惩戒机制、声誉和信誉评估选聘机制等。

1) 项目绩效监督考核机制

众所周知,项目各方只有承担一定风险完成项目,实现项目预定的绩效目标,才能获得相应报酬。项目管理团队发生冲突,意味着风险变为现实的可能性增大,冲突当事方的利益受到威胁。因此,建立起刚性的项目绩效考核机制不仅是项目本身的需要,更是对项目参与方的有效约束。项目绩效评价指标通常有质量、费用和工期,在项目开工前,制定明确的质量目标(优/良)、费用目标(是否超出预算)、工期(是否按时完工)是对项目参与各方绩效考核的依据。事实上,冲突的发生发展对质量、费用和工期指标产生最为直接的影响。冲突发生将导致项目建设中断,造成项目质量降低、项目建设费用提高、工期延长等一系列严重后果。建立在项目绩效基础上的各方收益将面临难以实现的风险。基于项目绩效监督考核机制实现冲突当事方治理冲突的机理如图 4.6 所示。

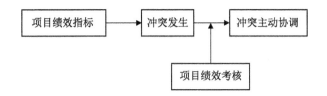

图 4.6　项目绩效监督考核机制驱使下的冲突治理

2) 项目成员绩效考核机制

项目治理结构已经对各方权责利进行了定义。参建各方通过承担项目建设部分任务实现报酬,各方履行合同义务需要经过认定考核后才能实现收益。项目成员绩效考核分为短期考核和长期考核两种形式,短期考核有月考核、项目形象节点考核、年度考核等形式,长期考核一般是指项目竣工后的绩效考核。施工方或监理方的短期考核,一般以给付工程进度款或监理进度款的形式体现,而长期考核主要通过项目结算款和监理款的结算体现。对成员单位个人,尤其是负责人而言,个人绩效通过工资、奖金的形式体现。短期考核表现为个人的月度绩效工资和奖金,长期考核表现为项目绩效和奖金。因此,冲突不仅影响当事人的单位绩效收益,更直接影响个人的绩效收益。当然,从项目合同角度看,制定的是主要针对项目主体的考核指标,项目主体实现绩效收益以完成项目考核绩效指标为依据。个人绩效考核通过成员单位与个人签订的聘用合同实现,通过考核聘用合同中的绩效指标,实现个人绩效收益。基于项目成员绩效考核机制驱动冲突治理的机理如图 4.7 所示。

项目绩效监督考核机制与项目成员绩效考核机制既有联系又有区别。

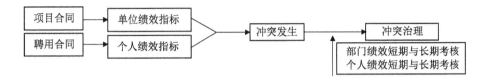

图 4.7　项目成员绩效考核机制驱使下的冲突治理

两者之间的联系表现在成员的部分绩效通过项目绩效来体现,项目绩效是成员绩效的重要组成部分。两者的区别也是显而易见的,这里所谓的项目绩效仅仅是指项目在建期间的绩效,不包含项目前期工作绩效及投入运营后的绩效,无论是成员的短期绩效评价还是长期绩效评价,除项目绩效指标外,还应包括但不限于工作态度、合作意愿、超额贡献等。而工作态度、合作意愿、超额贡献等在冲突治理中均有不同程度的体现,这些指标在冲突治理中也有重要的驱动作用。

3) 冲突评估和惩戒机制

冲突的缘由较为复杂,对冲突做出正确的评估是高效治理冲突的前提。由于冲突当事方的不理性带着明显的偏见看待冲突,因此由独立的第三方以专业的眼光评价冲突较为客观。有些冲突明显是一方违约或不占理,有些冲突是双方均违约或不占理,还有一些冲突客观上确实存在争议的,第三方评估的介入不仅能够从理性层面对冲突进行评估,更能从舆论上对不占理的一方施加压力,有利于冲突的解决。第三方评估主要来自双方的上级或发包方、项目团队舆论,甚至是社会舆论。第三方评估的依据主要有项目合同、法律法规、行业惯例、理性逻辑等。

惩戒机制在合同中表现为项目绩效无法实现,项目参与者将面临处罚。合同中有些冲突处罚条款较为明确,有些处罚条款较为笼统模糊,有操作的空间。

[案例 1]

某 BT 项目合同关于承包人违约的条款:"承包人项目管理混乱,导致重大质量、安全事故,发包人可认定其无法履行合同,发包人有权单方面解除合同,解除合同后按原合同规定清单支付已完成工程量,承包人另需支付其未完成工程金额3%～5%的违约金,承包人不配合或对抗情绪激烈的,可适当取高值作为处罚"。由于承包人管理不善,造成脚手架倒塌,导致3人死亡,发包方认为该事故属于严重安全责任事故,要求单方面解除合同;承包方不予承认,认为承包方作为安全施工责任方,完全按照安全规范管理,事故的发生完全是意外,不同意发包方单方面解除合同,双方难以达成一致,冲突逐渐升级,最后发包方诉至法院,请求法院判决,给予"承包方承担未完成工程金额5%的违约金"处罚,请求法院支持。

该案例中发包方有权对冲突事件进行评估,评估的结果为承包方对安全事故负有主要责任,遂提高了处罚标准5%作为对承包方对抗行为的惩戒,3%～5%的违约金可以认为是违约方的惩戒机制,浮动区间更是根据承包方的表现可以自由裁量的空间。

除了与冲突当事方有直接关系的上级和发包方有权对冲突做出评估,项目团队其他成员也可以对冲突进行评估和监督。设立惩戒机制可以在一定程度上防范违约方或不占理一方发起冲突。总之,在合同冲突机制的设计上,重视冲突惩戒机制的设计能有效减少冲突。冲突评估和惩戒机制工作原理如图4.8所示。

图 4.8　冲突评估和惩戒机制

4) 声誉和信誉评估选聘机制

张维迎曾经提出声誉机制发生作用要具备四个条件:(1)博弈必须是重复的;(2)当事人需有足够的耐心;(3)当事人的不诚实行为能够被即时观察到;(4)当事人必须要有足够的积极性和可能性对交易对手的欺骗行为进行惩罚。在工程建设领域,频繁发生冲突的主体在市场竞争中同样适用声誉选聘机制。只是(3)与(4)要进行适当修改,将(3)改成:当事人在市场中频繁的冲突行为引起了广泛的注意;将(4)改成:当事人必须要有足够的积极性和可能性对交易对手的频发冲突行为进行惩罚。因为易发生冲突的主体将带给业主较大的风险,当事人会选择规避这样的潜在候选人。

　　基于声誉和信誉评估的选聘机制不同于前述三种机制,后者能够通过合同条款切实体现在合同中,而前者只是在同行中的一种评价和认同,口碑度和印象评价决定了参与主体在行业中的地位。若候选人经常在与别人的合作中发生冲突,甚至发生过因冲突被单方解约的情况,则这样的市场主体在行业竞争中将面临自动淘汰的局面。因此基于声誉和信誉评估的选聘机制在防范重大冲突、冲突治理中能发挥积极的作用,是一种竞

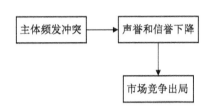

图 4.9　声誉和信誉评估选聘机制下的市场主体淘汰过程

争性机制。为了保持自身的信誉,市场竞争主体将在合作中倾向于积极合作、避免冲突的行为取向。声誉和信誉评估选聘机制下的市场主体淘汰过程如图 4.9 所示。

第三节　冲突治理结构、治理机制与项目绩效的关系

冲突的外部治理机制和内部治理机制既有区别又有联系。内部治理机制解决了冲突如何治理、治理方法的问题;外部治理机制解决了为什么要治理冲突的问题,属于压力型和竞争型机制。外部治理机制促使当事方积极治理冲突,内部治理机制为治理冲突指明了方向,两者的桥梁是冲突相关方的积极参与,只有冲突相关方积极介入,治理机制才能发挥作用,冲突才能得到有效解决。两种机制的关系如图 4.10 所示。

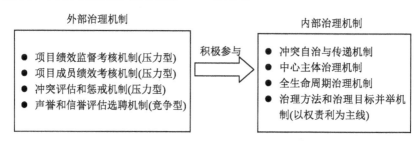

图 4.10　外部治理机制和内部治理机制的关系

冲突治理结构、治理机制与治理绩效三者相辅相成。合适的治理结构,选用优良的治理机制,自然能收获客观的治理绩效。实际上,治理结构、治理机制和治理绩效的选择情况与反馈情况最终取决于项目本身。也就是说,三者的根源在项目本身。项目、治理结构、治理机制与治理绩效四者之间的关系如图 4.11 所示。

项目概况决定了冲突治理结构,治理机制又需要建立在治理结构之上,治理结构和治理机制共同决定了治理绩效。

项目概况包括项目类型、地点、建设周期、规模、技术复杂程度、气候等因素,这些基本参数,尤其是规模参数决定了冲突治理结构的选用。例如,建设

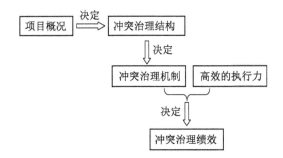

图 4.11　项目、治理结构、治理机制与治理绩效之间的因果关系

投资 100 亿元的超大型大跨桥梁采用主体中心治理结构就不合适;小型项目采用局部治理结构同样不合理,因其本身项目管理团队规模就不大。在选定的治理结构基础上,选择高效的治理机制是关键,再加上高效的执行力构成了实现良好治理绩效的基本条件。合同设计工程师在设计冲突治理方面的条款时,应认清项目、治理结构、治理机制与治理绩效之间存在的因果关系,制定科学合理的设计方案,以收获较好的治理效果。

第四节　基于合同治理设计的冲突管理

冲突管理属于项目管理的一部分。工程合同涉及冲突管理的条款较少，除了对冲突治理方案略有涉及外，很少谈及将要达到的治理目标。本节将基于冲突合同治理设计，谈一谈如何对冲突进行管理，以及将要达成的冲突治理效果。

管理是将预定计划实现的过程，管理重要的是控制，即对工程合同中预期完成的目标通过管理手段在可以接受的偏差内实现。就冲突管理而言，为了实现预定的管理目标，需要做好以下几点：

1）基于冲突治理方案的管理

合同治理是冲突管理的依据。合同对冲突设计的治理方案是经过合同当事方认可的，执行冲突治理方案也是履行合同的一部分。治理方案包括治理结构和治理机制两部分，尤其是治理机制是治理方案的重要依据。项目冲突管理实施方案一般在项目管理计划中制订，根据合同提供的信息，制订符合项目本身的冲突管理方案尤为重要，也是顺利实现冲突治理绩效的根本。

2）冲突管理方案的具体内容

冲突管理方案主要包括：应急处理方案、项目保护措施、人员紧急调集与待命、启动治理方案、谈判协商、处理结果落实、冲突后续观察与跟踪等。

应急处理方案是指冲突发生后，管理人员如何第一时间预处理冲突，当事人首先需要冷静，防止冲突进一步激化；他人管理人员应第一时间介入冲突，安抚双方情绪，切断一切可能传播冲突负面效应的途径。应急处理方案的制订应符合项目实际情况，可操作性要强。

项目保护措施包括冲突当事方对项目的破坏、因冲突造成项目运转中断而造成的损害两个方面。冲突发生后，当事方情绪激动，不排除将怨气和怒气发泄在项目上，对项目造成实质性的伤害。如施工方和监理方因某隐蔽工程质量验收问题发生冲突,施工方情绪激动之下剥开隐蔽工程,原本合格的工程部位经修复后,质量出现了一定的下降。冲突当事方情绪激动时,可能会做出过激行为伤害项目本身。需要重视的是因冲突而造成的项目中断对项目造成的损害,冲突的不合作对抗特征使得项目本该在该环节顺利通过却出现"卡壳",势必影响项目进展。因此,妥善解决好冲突发生与冲突解决之间的时间差而造成的项目中断是项目防护措施的重要内容。

冲突发生后,根据合同约定需要紧急调遣相关管理人员赶赴事发现场,调遣人员需要随时保持通讯畅通,能第一时间响应组成临时冲突管理委员会(简称临管会),临管会组成人员利用职权依据合同治理内容对冲突进行管理。临管会对冲突当事方可以动之以情、晓之以理进行安抚、劝说,采取隔离、书面或口头承诺,甚至动用命令、强制等手段处理冲突。临管会人员还需要对协调谈判中达成的协议进行跟踪,保证协议内容无折扣落实。除此之外,还需要对冲突进行后续观察和跟踪,观察冲突有无发生二次冲突的可能性,冲突的负面效应是否完全消除,双方合作是否恢复等多个方面。

3) 冲突管理目标的实现

冲突管理的最低目标是双方恢复合作,项目正常运转,合同治理目标基本实现。冲突管理的最高目标是不仅解决了冲突,而且项目的绩效反而有所提升。临管会治理冲突以最低目标为基本要求,以最高目标为努力方向。最低目标和最高目标的实现不仅取决于管理者管理冲突的经验,更需要依赖管理者高超的处理技巧和个人魅力。

本 章 小 结

工程项目冲突的解决需要依赖冲突合同治理。在目前合同关于冲突治理设计普遍不完善并且冲突日益增多的前提下,研究冲突的合同治理显得尤为紧迫。冲突的合同治理设计主要包括治理结构和治理机制两部分。本书的研究取得了以下结论:

1) 工程项目冲突合同治理结构有局部治理结构和中心治理结构两种。局部治理结构适用于大型项目、管理人员和管理层级较多的情况;中心治理结构可以分为单核治理和多核治理两种情形,分别承担了不同的治理功能,适用于不同项目情形。

2) 在冲突治理机制方面,分为内部治理机制和外部治理机制。内部治理机制分为冲突自治与传递机制、中心主体治理机制、全生命周期治理机制、治理方法和治理目标并举机制;外部治理机制分为项目绩效监督考核机制、项目成员绩效考核机制、冲突评估和惩戒机制、声誉和信誉评估选聘机制。内部治理机制和外部治理机制既有联系又有区别,联系表现在冲突当事人是在外部治理机制的压力下通过内部治理机制治理冲突,区别表现在两种机制所体现的功能和作用不同。

3) 项目、治理结构、治理机制与项目绩效之间存在因果关系。一般而言,前者决定后者。在给定项目概况和冲突治理结构的情况下,选用不合适的治理机制不仅无法高效治理冲突,而且对治理项目其他事项也将会产生不良反应。

4) 冲突管理需要在已有的合同治理设计前提下进行。在制订项目管理计划阶段,选择合适的冲突管理方案决定了冲突治理效率。冲突管理方案设计包括管理方案和管理目标的实现等内容。冲突管理方案不仅要基于项目概况实际,而且还要有较强的针对性和冲突适应性。

第五章

施工阶段项目冲突管理方式选择策略

在项目实施的各个阶段,施工阶段是各方矛盾最易爆发的时期。业主方、监理方和施工方上演的"三国演义"不可避免地发生摩擦。业主方希望花费最低的成本完成最优质的项目。施工方希望在保证项目质量的基础上,以最低的成本,获得最大的利润。可见,本质上业主方和施工方的目标是对立的。以施工阶段为例,研究业主方和施工方的冲突及其管理策略,可以为建设行业冲突管理提供参考。若无特殊说明,本章所研究的冲突的功能均为消极负面的。

第一节 施工阶段工程项目内冲突

一、工程项目团队组织结构

常见的企业组织结构类型通常有职能型、线性型和矩阵型,其中职能型和矩阵型组织结构适用于单一企业内部的结构模式,根据项目团队的组成状况,只有线性组织结构适用于项目团队的结构模式。

1) 线性组织结构的特点

线性组织结构起源于军事组织系统,组织纪律非常严谨,此类组织结构的指令逐级下达,底层人员执行指令,特点是上级指挥下级,下级对上级负责。在线性组织结构中,每个工作部门对其直接的下属下达指令,每个工作部门也只有唯一的直接上级部门,因此,这类组织结构避免了由于矛盾的指令而影响组织系统的运行,如图 5.1 所示。

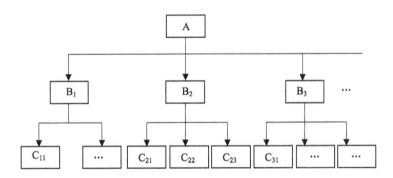

图 5.1 线性组织结构的组成特点

2) 项目团队中的线性组织结构

在国际上,线性组织结构模式是建设项目管理系统的一种常用模式,因为项目团队参与的单位很多,少则几个,多则数百,大型项目的参与单位甚至数以千计。项目实施过程中的多头指令、矛盾指令常常给项目绩效目标的实现带来很大影响,而线性组织结构能确保指令源的唯一性,在很大程度上能避免其他组织结构的缺点。但在特大项目中,由于线性组织结构路径过长,可能会造成项目运行时出现困难。常见项目团队的线性组织结构如图 5.2 所示。

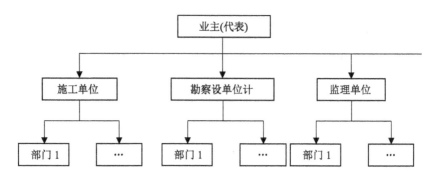

图 5.2　工程项目团队的线性组织结构组成

可见,工程项目团队不同于一般的企业组织,它由多个不同职能的单位组成,每个单位履行自己的职责,并通过与业主签订的承揽合同和委托合同联结在一起,共同构成了线性组织结构。从图中可以看出,施工部门的指令源来自施工方负责人,部门工作只对施工方负责人负责;勘察设计单位和监理单位亦然。此外,施工、勘察设计和监理负责人的指令源唯一来自业主(代表),均只对业主(代表)负责。

二、工程项目冲突常见的表现形式

项目团队由很多单位组成,冲突纷繁复杂,冲突主体一般至少为两个。本节将以两个冲突主体为例,说明工程项目冲突常见的表现形式。

1) 同级冲突及特点

同级冲突是指冲突的双方在线性组织结构中处于同一层级,比如图 5.1 中的第二层级同级主体有 B_1,B_2,B_3;第三层级同级主体有 C_{11},$\cdots$,C_{21},C_{22},$\cdots$,C_{31},$\cdots$。仔细观察线性组织结构可以发现,每一层级对应的工作任务是由若干个子任务组成的,各主体需要完成分内的子任务才能将所有子任务集成总任务交由上一层级主体完成。一般而言,虽然任务主体只需完成自己分内任务即可,与其他处于同一层级的主体没有直接构成竞争关系,发生排他性冲突的可能性较小。但同一层级子任务存在工作界面,工作界面如何完成、费用计算、子任务整合与移交等事项并未在合同中明确约定,这就为有工作界面的同一主体发生冲突埋下了隐患。以图5.1第三层级各主体为例,假定 B_1 有两个部门, B_2 , B_3 各有三个部门,三主体冲突关系如图5.3所示。

同一层级的任务集合即为整个项目的工作任务,同一层级的主体数越多,工作分工越精细,工作界面就越多,各主体发生冲突的可能性就越大,相应的协调难度也越大。根据线性组织结构和同级主体之间的关系,可以归纳线性组织结构同级冲突的特点如下:

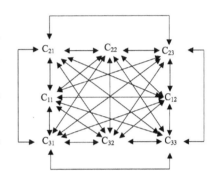

图5.3　三主体同级冲突关系谱

(1) 在同一层级主体中,只要存在工作界面,双方就可能发生冲突。任务主体是根据工作任务的特点划分的,换句话说,由工作任务决定任务主体。因此,任务主体会与哪些主体发生冲突由任务本身决定。

(2) 同级冲突与合同完备性存在一定的联系。如果合同能将工作界面大量争议事项做出约定,则后续的履约过程中发生冲突的可能性会减小。此外,任务主体越多,合同高完备性可能性就越低,冲突的可能性就越大,若要减少同级冲突,则减少同级主体数是可行的途径之一。

(3) 同级冲突可以分为部门内同级冲突和部门间同级冲突。两类冲突的起因有所不同。

2) 上下级冲突及特点

上下级冲突是指指令发出方与指令接收方之间的冲突,双方属于两个相邻的层级,行政上有管理与被管理的关系。图5.1中双方存在上下级关系的有 B_1 与 C_{11} 、 B_2 与 C_{21} 、 B_2 与 C_{22} 、 B_3 与 C_{31} 以及 A 与 B_1 、A 与 B_2 等。上下级发生冲突的主要原因是指令的接收以及执行过程中双方出现分歧,两者存

在明显的竞争关系。与同级冲突相比,上下级冲突有以下几个明显的特点:

(1)上下级冲突的唯一性。指令关系的唯一性决定了上下级冲突的唯一性。施工方的项目经理只能对其下属部门发出指令,而不能对监理部门发出指令,发生冲突的只可能是施工方项目经理与其下属,同理,监理方项目经理只可能与其下属发生冲突。

(2)上下级冲突源于管理与执行关系。上下级存在执行指令要求,本质上来源于管理与被管理的关系。下级有接收和执行指令的职责,但这建立在不损害下级自身利益的基础上,当上级和下级存在利益分歧时,冲突将会发生。

(3)上下级冲突刚性。上下级在项目团队中是固定存在的,而同级冲突随着项目任务划分的不同,会有所变化,甚至会消失。因此,上下级冲突协调有时难度更大。

第二节　冲突的自我管理与他人管理

冲突发生后需要管理,任由冲突肆意发展,后果将不堪设想。通常情况下,冲突管理有两个基本类型:一是冲突自我管理;二是冲突他人管理。两种冲突管理途径的共同目标是遏制冲突发展,消除冲突影响。但两种冲突管理方式无论从形式上还是效果上均有很大区别。冲突自我管理是指冲突双方发挥主观能动性,依靠双方的力量,主动介入冲突,通过谈判协商的方式寻找双方均能接受的平衡点,从而化解冲突重新合作;冲突他人管理是指冲突的解决需要依靠第三人,由第三人充当冲突的协调人,依靠自己权威的角色劝说、承诺或者采取强制措施解决双方冲突的方式。第三人或者是双方的领导,抑或是权威的裁决部门。前者作为第三人协调冲突的主要优势在于他们与冲突双方的利益直接相关,并有一定的自由裁量空间,有能力平衡双方利益。后者作为公权部门,以事实为依据,以法律、法规、合同为准绳,给出公正裁决。

一、不同类别冲突的自我管理与他人管理

上节讨论了项目组织结构中不同冲突的表现形式。可以将冲突分为同级冲突和上下级冲突,两种类型冲突的自我管理和他人管理方式有所不同。

1) 同级冲突的自我管理与他人管理

同一层级的任务主体因工程建设需要而互相配合,产生工作界面。同一层级的任务主体可以分为部门内主体和部门间主体,相应产生的冲突可以分为部门内冲突和部门间冲突。

(1) 同级部门内冲突。同级部门内冲突一般指基于同一部门内任务划分后,各项任务负责人在项目实施过程中发生的冲突。施工企业在施工前,将

整个施工项目划分为基础工程、主体工程、装修装饰工程、防水工程等多个分部工程,施工企业可以将其中的装修装饰工程、防水工程等分部工程分包给分包企业,即产生多个部门内主体。虽然各分部工程进入项目的时间节点各异,但互相之间均存在工作界面,若双方在工作界面存在争议,则首先需要考虑如何解决冲突。解决同级部门内冲突有两个途径:一是冲突自我管理。双方应本着互惠互利的原则,采用整合、宽容、折中的策略处理冲突。二是冲突他人管理。部门内主体的直接负责人是部门领导,对部门内主体有绝对管理权,由部门领导出面协调双方冲突会取得事半功倍的效果。

(2)同级部门间冲突。同级部门间冲突在项目管理中最为常见,监理员和施工员冲突、施工员和设计人员冲突、施工员和咨询人员冲突等都属于部门间冲突。冲突一旦发生,自我管理冲突应是双方第一选择,当需要第三人介入时,应由双方部门负责人牵头协调冲突;若双方部门负责人也因此而产生分歧,无法给出冲突解决办法,则应借助业主(代表)统筹协调冲突。施工员与监理员因某分项工程的验收标准产生分歧,互不相让,则应将此事项交由施工项目技术负责人和专业监理工程师负责处理;倘若双方技术负责人仍然站在自己的立场上看待分歧,固执己见,冲突依然无法解决,最终应上升至业主,由业主决定冲突应当如何处理。

2)上下级冲突的自我管理与他人管理

不同于同级冲突的管理,上下级冲突以自我管理为主。由于上级相对于下级处于强势地位,因此上级对待冲突的态度主导着冲突的发展变化。上下级关系属于垂直关系,若需要第三方介入冲突,则只能依靠第三方仲裁或司法机关介入冲突。本书所研究的冲突自我管理和他人管理主要指同级冲突,上下级冲突的他人管理更多地需要依靠外部公权机构,依靠项目团队解决此类冲突的能力较弱。

二、冲突管理的传递与转移

在以线性组织结构为基本特征的项目团队中,冲突的双方经过各自努力,虽然部分冲突能够化解,但冲突事项无法解决的情形依旧存在。向上级组织转移矛盾成了双方不二之选。当前冲突无法解决,进而向上一级组织或其他组织传递转移的现象称为冲突的传递转移。冲突的传递转移在组织中普遍存在,其动力机制在于冲突的解决。

1）同级冲突的传递与转移

假定当前项目团队分为 n 个层级,第一层级代表业主(代表),第二层级代表施工、勘察设计、监理等各参与单位的项目经理,以此类推,第 n 层级代表团队基层各主体。若第 n 层级主体发生冲突,自我管理无法解决后,则将冲突传递至上一层级 $n-1$,第 $n-1$ 层级主体协调冲突,仍然无法解决后,将冲突传递至上一层级 $n-2$,直至将冲突交由业主协调。业主作为项目的统筹者和领导人,在协调不同主体间冲突时有较大优势。同时,部门内冲突和部门间冲突转移时也有较大不同,如图 5.4 所示。

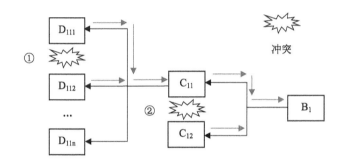

（a）部门内同级冲突传递与转移

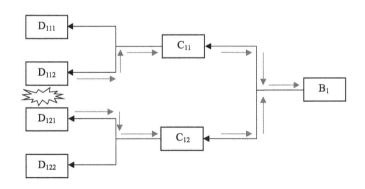

（b）部门间同级冲突传递与转移

图 5.4　同级冲突的传递与转移

图 5.4(a)分别描述了两个冲突,冲突①发生在 D_{111} 和 D_{112} 之间,无法解决后,冲突转向他们共同的上级 C_{11},由 C_{11} 作为第三人协调冲突;冲突②发生在 C_{11} 和 C_{12} 之间,自我管理无法解决后,矛盾转向他们共同的上级 B_1,由 B_1 作为第三人协调冲突。可见部门内同级冲突只须将冲突转移一次即可。反观部门间同级冲突,须先将冲突焦点转移至各自领导 C_{11} 和 C_{12},由 C_{11} 和 C_{12} 协调处理冲突,如果冲突依旧无法解决,则转至 B_1。由此可见,部门间同级冲突至少需要转移两次。

当然,如果同级发生的冲突已超出上级的管辖范围,则只能将冲突转至公权部门,由公权部门给出裁定结果。

2) 上下级冲突的传递与转移

上下级有合同与管理关系,双方发生冲突,首先应自我管理。如果自我管理不成,则应将冲突转至第三方,与同级冲突不同的是,双方没有共同的领导,很难从项目团队中找到有共同管理关系的领导协调冲突。邀请公信度高的公权部门是主要的途径。一般而言,若上下级发生冲突,则邀请的第三方首推专业的仲裁机关;若仲裁机构的仲裁结果双方均无法接受的,则应由其中一方起诉至司法机关,并强制执行,如图 5.5 所示。

图 5.5　上下级冲突传递与转移

3) 冲突转移的原因

项目团队中的冲突传递与转移现象值得关注。冲突发生后,冲突的当事人在自我协调未果的前提下,在双方有解决冲突的意愿,且双方现有的条件又无法顺利达成一致,面对现实显得无力时,向上级请示成为自然而然的选择,背后的冲动和原因值得深入探讨。

(1) 同级冲突传递与转移的原因

冲突主体管辖项目业务范围狭窄。项目基层部门一般管辖专业性工作任务,业务范围狭小,上级主管拥有对冲突主体的管理(人事)权,主管的建议具有权威性,更易平衡双方利益而解决冲突。权威性体现在:①承诺通过补偿、不同管理方式、重新确定规则等方式取得双方谅解,缓和冲突。②拥有资金分配权。冲突的背后是利益的不平衡,其实质是资金分配问题,冲突主体的上级主管可以通过资金分配的方式解决冲突。③验收权和考核权。冲突主体工作任务完成质量评价完全在于主管,主管的评价就是主体工作的最终评价,是决定性的。主管对项目的话语权更大,体现在对项目有更大的管理权,对项目管理的柔性空间更大,更易协调双方冲突。

(2)上下级冲突传递与转移的原因

上下级有合同关系或者管理关系,双方的权责利有据可循。法律、法规和合同均是定义双方权责利的依据。即便双方因冲突各执一词,无法正常开展工作,公权部门依然是双方的优选方案。仲裁机构能提供专业的裁决,其权威性为业内所公认,但没有强制执行权;最后,双方可以将争议搁置在权威性最大的机构,即司法机关。司法机关是国家司法解释和执行的权威性机构,拥有最终判决和强制执行的权力。

三、自我管理与他人管理的成本分析

冲突的自我管理强调的是冲突主体自我协调,双方本着解决冲突的诚意,期望寻找一条令双方均满意的途径化解冲突,毕竟双方的终极目标是一致的,这里的冲突一般是指负面影响为主的冲突。他人管理需要第三人的力量化解冲突,与前者相比,他人管理所花费的成本较高。冲突的自我管理和他人管理成本主要表现在以下几个方面:

1)时间成本

解决冲突需要时间,这里所指的时间成本包括三个方面:(1)项目的时间成本。包括从冲突爆发到管理介入的时间成本、冲突解决需要的时间成本以及恢复正常生产状态所需的时间成本等几个方面。(2)冲突双方的时间成本。冲突爆发直至项目结束,双方需要更多的时间完成项目,对双方而言,成本增加了。(3)第三方的时间成本。第三方介入协调冲突需要花费较多的时间成本,如果第三方较多,则成本更大。冲突自我管理和他人管理花费的时间成本比较如表5.1所示。

表 5.1　两种冲突管理方式的时间成本

管理方式	项目	冲突当事方	第三方
自我管理	t_p	t_c	无
他人管理	t'_p	t'_c	t'_n

冲突自我管理的时间成本由项目时间成本、冲突双方时间成本两部分组成。

$$t = t_p + t_c \tag{5.1}$$

他人管理的时间成本由项目时间成本、冲突双方时间成本以及第三方时间成本组成。

$$t' = t'_p + t'_c + t'_n \tag{5.2}$$

其中,$t'_p > t_p, t'_c > t_c$。

由式(5.1)和式(5.2)分析可知,$t' \gg t$,冲突他人管理比自我管理所花费的时间多得多。

2) 损害成本

冲突导致的损害成本包括实体损害和关系损害。恶性冲突可能会给项目带来损失 s_p,双方关系恶化后,修复原状所需要的成本为 s_c,第三方较多时,第三方与双方关系受损的可能性加大,为 s_n。可见,冲突他人管理与自我管理相比,多了 s_n 一项,换句话说,更多人受到伤害。

3) 交易成本

交易成本与关系损害直接相关,包括监督成本、保证成本等。关系损害越多,交易成本越大。因此,冲突他人管理使更多人卷入冲突,相应的交易成本也提高了。

4) 管理成本

管理成本包括协调成本、考核成本等。项目团队关系变差了,凝聚力下降了,通过管理使项目绩效恢复到原来水平或者进一步提高,需要投入更多的成本。冲突他人管理使第三方介入原本只需冲突双方就能完成的管理工作,相应地,项目的整体管理成本也会提高。

从以上分析可知,项目团队一旦爆发冲突,项目及主体多方面的成本都会提高。无论是时间成本、损害成本、交易成本还是管理成本,冲突他人管理所涉及的成本比自我管理都要大得多。从成本分析的角度看,冲突双方应优先选用自我管理方式,其次才是他人管理。

第三节　基于混合策略纳什均衡的项目冲突管理方式选择策略

一、零和冲突案例

　　某大型项目施工时分成两个标段分段施工,两个标段紧紧相邻。业主通过招标的形式将这两个标段分别承包给了承包商 A 和承包商 B,并签订相应的承包合同。为了制订科学合理的施工方案,业主方、监理方、承包商 A、承包商 B 等单位多次就承包商 A 和承包商 B 的施工组织交互范围及边界等重要事项进行了磋商,并制订了详细的实施方案。例如,承包商 A 的材料运输车的运输路线正好与承包商 B 的塔吊作业范围有交叉,双方就如何安全顺利施工制订了详细的实施方案。然而,在施工的某一天,项目正热火朝天地进行中,由于项目紧急,承包商 A 的材料运输车由于种种原因临时更换了司机,而临时司机并不熟悉施工现场以及相应的现场管理条例,在承包商 B 的塔吊还在作业过程中,开进了工地现场。由于承包商 B 对现场疏于管理,塔吊司机没能及时观察到塔吊下方有车辆经过,正在起吊运输的 20 t 钢材由于有瑕疵的缆绳突然断裂,全部砸到车辆的中后部,不仅导致车上价值 200 万元的涂料和油漆全部损失,车辆还严重变形,所幸没有造成人员伤亡。据统计,在这次事故中,承包商 A 共计损失 250 万元左右。承包商 A 认为承包商 B 现场管理不力并且机械设备保养检查欠妥,主要责任在承包商 B,向承包商 B 主张损失索赔。而承包商 B 认为承包商 A 负主要责任,依据之前的方案,承包商 A 应事先知会承包商 B,在承包商 B 做好准备后承包商 A 才能进场。结果双方你来我往,冲突不断。由于承包商 A 损失较多,并且诉求没能及时解决,造成承包商 A 所负责的标段陷入停滞。经过多次协商谈判,承包商 B 始终无法满足承包商 A 的要求,双方难以达成一致。

起初,业主了解情况后,要求承包商 A 和承包商 B 自己协商解决,结果双方矛盾依旧,眼看项目陷入停滞,于是业主方出面采取了补贴和处罚措施协调此事,承包商 A 和承包商 B 眼见形势发生变化,很快在和解协议上签了字。此时,双方冲突得以顺利解决。

二、案例分析

对上述案例做深入解读,可以将所研究的问题归纳描述如下:(1)某大型建筑工程项目的承包商分别与发包方签订独立的承包合同。在该项目的施工阶段,由于各种主观上或者客观上的原因,使得一方在避免损失或者争取自身利益最大化的过程中,导致了另一方利益受损。假定利益受损方为承包商 A,另一方为承包商 B。(2)虽然承包商 B 未做出法律以及合同要求禁止的事情,但是其行为对于承包商 A 确实造成了不良影响,导致了承包商 A 利益受损,所以假设承包商 A 占道德优势,承包商 B 占道德劣势。(3)由于冲突事项没有法律法规以及合同的约束,因此承包商 A 会向承包商 B 提出一定的利益诉求去弥补自己的损失。(4)因为冲突会影响施工进度进而可能导致项目延期,若项目延期,则两个承包商都会受到发包方的处罚,所以对于承包商 A 的利益诉求,承包商 B 接受意味着损失,但是若承包商 B 不接受可能导致项目延期,意味着损失更多。(5)对于承包商 A 来说,不发起冲突则意味着损失,而发起冲突,冲突的结果充满不确定性。一方面通过冲突确实存在实现利益补偿的可能性,但另一方面也有可能面临着损失更多的风险。本书将以上述所描述的一般性问题为研究背景进行相应管理方案的研究。

在冲突发起后,进入冲突自我管理阶段,双方会尝试通过协商来解决冲突。该阶段有以下特点:双方协商解决问题,交流方便,用时较短,所以所需成本也相对较低,而且冲突双方对于自身所处形势以及风险的预测分析较为透彻,在进行博弈时,影响双方策略选择的因素较少。若在自我管理阶段未能达成一致,则第三方会介入,其作用是缝合双方裂痕,进行调解,化解冲突,保证项目顺利进行,改善项目绩效。但是冲突第三方管理阶段有以下特点:博弈情况会相对复杂,影响因素较多,而且第三方参与会导致成本增加。若第三方出面调解,冲突仍然无法得以解决,则第三方可能会申请仲裁,或者求助法院,以保证项目正常施工。对冲突当事方而言,如何在不同的局势下做出最优决策值得深思。

三、研究思路

根据以上问题的一般性描述,可将冲突分为冲突的发起阶段、冲突的自我管理阶段和冲突的第三方管理阶段三个阶段来进行研究,根据每个阶段的不同情况分别分析,再根据各阶段的分析结果提出相应的应对策略。本章研究思路如图 5.6 所示。

研究阶段	研究方法	研究目的
冲突的发起阶段	风险预测 收益分析 对比分析	1. 通过对比分析找出影响承包商A发起冲突的关键因素 2. 明确承包商A在该因素达到何种条件时发起冲突
冲突的自我管理阶段	混合策略纳什均衡 收益分析 演化博弈分析	1. 找出影响承包商A和承包商B策略选择的关键因素 2. 明确如何调整关键因素才能够使得双方达成和解
冲突的第三方管理阶段	混合策略纳什均衡 收益分析 演化博弈分析	1. 找出影响三方策略选择的关键因素 2. 明确如何调整关键因素才能够使得发包方调解成功

图 5.6 研究思路

在冲突的发起阶段,通过风险预测和收益分析法,将发起冲突前后承包商 A 的收益进行对比,找出影响其是否发起冲突的关键因素,并通过计算结果分析出当该影响因素改变时,承包商 A 应如何进行选择。

在冲突的自我管理阶段,采用混合策略纳什均衡,构建出双方博弈的收益矩阵,通过对收益矩阵的分析,找出能够使得双方达成和解的纳什均衡的约束,并根据该约束条件提出相应的管理策略。

在冲突的第三方管理阶段,采用混合策略纳什均衡,计算出三方主体在不同策略选择下的收益,并通过对比分析出影响每个参与主体策略选择的关键因素,根据计算结果找出当关键因素达到什么条件时,最有利于发包方调解成功,并根据该条件提出相应的管理方案。

四、冲突的发起阶段

因为承包商 B 的行为使得承包商 A 的利益受到了损失,所以承包商 A 为了挽回损失,可能会选择发起冲突,期望通过这种方式得到补偿,但冲突的结果充满不确定性。一方面通过冲突确实存在实现利益补偿的可能性,但另一方面也有可能面临着损失更多的风险。因此,作为利益诉求方,承包商 A 必须仔细考察当前自己所处的局势,分析实现利益诉求的可能性。下面将根据承包商 A 发起冲突后的期望收益与不发起冲突时的期望收益进行比较,来分析承包商 A 在何种情况下发起冲突对自身是有利的,以及对承包商 A 是否发起冲突的影响因素有哪些。根据以上背景,做出如下假设:

假定承包商 A 默认现状,不发起冲突的概率为 $1-\alpha$,利益受损为 $-R_{1-\alpha}$;发起冲突的概率为 α,发起冲突获得期望收益补偿的概率为 β,收益补偿为 R_{β};如果获得收益补偿失败,反而因冲突招致更大的利益受损的概率为 $1-\beta$,对应的利益损失为 $-R_{1-\beta}$。对承包商 A 而言,不发起冲突肯定会面临损失;而发起冲突虽然有可能会获得补偿,但是也将面临损失更多的风险。在这样的背景下,需要计算承包商 A 在不同选择下的收益,来分析承包商 A 的策略取向。分析如下:

承包商 A 发起冲突后的收益函数为

$$T_{A}^{\alpha} = \alpha[\beta R_{\beta} - (1-\beta)R_{1-\beta}] \tag{5.3}$$

承包商 A 不发起冲突时的收益函数为

$$T_{A}^{1-\alpha} = -(1-\alpha)R_{1-\alpha} \tag{5.4}$$

承包商 A 选择发起冲突后的收益与不发起冲突时的收益相等时,令

$$T_{A}^{\alpha} = T_{A}^{1-\alpha} \tag{5.5}$$

可得

$$\beta = \frac{\alpha R_{1-\beta} - (1-\alpha)R_{1-\alpha}}{\alpha(R_\beta + R_{1-\beta})} \tag{5.6}$$

则当 $\alpha[\beta R_\beta - (1-\beta)R_{1-\beta}] \geqslant -(1-\alpha)R_{1-\alpha}$ 时，即发起冲突后的期望收益大于不发起冲突时的期望收益，所以为了使自己的损失降到最低，承包商 A 会选择发起冲突。同时还可以看出，在此条件下，发起冲突后获得收益补偿的可能性更大。而当 $\alpha[\beta R_\beta - (1-\beta)R_{1-\beta}] \leqslant -(1-\alpha)R_{1-\alpha}$ 时，即发起冲突后期望收益小于不发起冲突时的期望收益，意味着发起冲突后面临着更大损失的风险较大，一旦发起冲突，所面临的损失有很大可能会增加。

所以根据分析可得：当冲突发起后获得收益补偿的概率 $\beta \geqslant \frac{\alpha R_{1-\beta} - (1-\alpha)R_{1-\alpha}}{\alpha(R_\beta + R_{1-\beta})}$ 时，承包商 A 会选择发起冲突，挽回损失。当发起冲突后获得期望收益补偿的概率 $\beta \leqslant \frac{\alpha R_{1-\beta} - (1-\alpha)R_{1-\alpha}}{\alpha(R_\beta + R_{1-\beta})}$ 时，承包商 A 会选择不发起冲突，接受损失。

五、冲突的自我管理阶段

1) 双方博弈的相关假设

根据第一阶段"冲突发起阶段"的研究结果，当式(5.6)成立时，利益受损的一方即承包商 A 选择发起冲突，在发起冲突后，会不断地与承包商 B 进行协商，以求解决冲突，在双方进行协商解决冲突时，都应该考虑自己该选取哪种策略，才能使得自身的利益最大或是使自身利益受损程度降到最低。根据前文假定，承包商 A 处于道德优势，承包商 B 处于道德劣势，则根据分析可知承包商 A 和承包商 B 共有四种应对冲突的方式：一是通过自我管理的途径化解冲突，即承包商 A 通过自我调节或者采取相应手段使冲突在其内部得以解决，或者一方接受另一方所提出的管理方案，此时可以通过自我管理的手段使得冲突得以解决。二是双方至少有一方否决自我管理方案，包括：承包商 A 要价合理，承包商 B 不同意补偿；承包商 B 同意在合理范围内补偿，承包商 A 要价不合理；以及承包商 A 和承包商 B 均无法给出双方均满意的方案。此时冲突依旧，没有缓和的迹象。第二种情况意味着冲突将无法通过自我管理的方式得以解决。因为承包商 A 和承包商 B 都有两种策略可供选择，所以对应有四个不同的博弈结果。下面将采用混合策略纳什均衡分析双方在何种情况下能获得理想收益。

根据以上分析，再做出如下假设：

假定承包商 A 和承包商 B 冲突前的收益可以表示为 (R_A^0, R_B^0)，冲突后，双方不同的行为策略导致不同的收益，若承包商 B 满足承包商 A 的诉求，则承包商 A 将获得额外收益补偿 r，相应地承包商 B 失去了收益补偿 r；当承包商 A 要价不合理时，将面临发包方的处罚 P_A，当承包商 B 不同意利益和解方案时，将面临发包方的处罚 P_B。

2）双方收益矩阵分析

两个承包商分别采取同意和解和不同意和解，收益也会不同，分析如下：

（1）当承包商 A 要价合理，承包商 B 同意合理利益补偿方案时，双方收益为 $(R_A^0 + r, R_B^0 - r)$；

（2）当承包商 A 要价不合理，承包商 B 同意合理利益补偿方案时，双方收益为 $(R_A^0 - P_A, R_B^0)$；

（3）当承包商 A 要价合理，承包商 B 提出不合理利益补偿方案时，双方收益为 $(R_A^0, R_B^0 - P_B)$；

（4）当承包商 A 要价不合理，承包商 B 提出不合理利益补偿方案时，双方收益为 $(R_A^0 - P_A, R_B^0 - P_B)$。

承包商 A 和 B 的收益矩阵如表 5.2 所示。

表 5.2 承包商 A 和 B 的收益矩阵

承包商 B	承包商 A	
	要价合理	要价不合理
同意合理利益补偿方案	$R_A^0 + r, R_B^0 - r$	$R_A^0 - P_A, R_B^0$
提出不合理利益补偿方案	$R_A^0, R_B^0 - P_B$	$R_A^0 - P_A, R_B^0 - P_B$

根据收益矩阵做出如下分析：

在承包商 B 同意合理利益补偿方案的概率为 β 的情况下，承包商 A 在不同策略下的收益分别为

（1）要价合理

$$T_A^\alpha = \beta(R_A^0 + r) + (1 - \beta)R_A^0 \tag{5.7}$$

（2）要价不合理

$$T_A^{1-\alpha} = \beta(R_A^0 - P_A) + (1 - \beta)(R_A^0 - P_A) \tag{5.8}$$

若承包商 A 要价合理与要价不合理的收益相等，则

$$T_A^\alpha = T_A^{1-\alpha} \tag{5.9}$$

即　　$\beta(R_A^0 + r) + (1 - \beta)R_A^0 = \beta(R_A^0 - P_A) + (1 - \beta)(R_A^0 - P_A)$ （5.10）

可得

$$\beta = -\frac{P_A}{r} \tag{5.11}$$

显然，承包商 B 同意合理利益补偿方案的概率 β 不可能为负，所以 $\beta \geqslant -\frac{P_A}{r}$ 恒成立，而在此条件下，承包商 A 要价合理时的期望收益大于要价不合理时的期望收益，也就是说，无论承包商 B 同意合理利益补偿方案的概率多大，承包商 A 的最优策略选择都为要价合理。

同样，对于承包商 B 而言：

在承包商 A 要价合理的概率为 α 的情况下，承包商 B 在不同策略选择下的收益分别为

（1）同意合理利益补偿方案

$$T_B^\beta = \alpha(R_B^0 - r) + (1 - \alpha)R_B^0 \tag{5.12}$$

（2）提出不合理利益补偿方案

$$T_B^{1-\beta} = \alpha(R_B^0 - P_B) + (1 - \alpha)(R_B^0 - P_B) \tag{5.13}$$

当承包商 B 选择同意合理利益补偿方案时的收益与提出不合理利益补

偿方案时的收益无差别时，

令

$$T_B^\beta = T_B^{1-\beta} \tag{5.14}$$

即

$$\alpha(R_B^0 - r) + (1-\alpha)R_B^0 = \alpha(R_B^0 - P_B) + (1-\alpha)(R_B^0 - P_B) \tag{5.15}$$

可得

$$\alpha = \frac{P_B}{r} \tag{5.16}$$

对于承包商 B 来说，其策略选择的纳什均衡点为：$\alpha = \dfrac{P_B}{r}$。因为承包商 B 处于道德劣势，所以无论如何进行策略选择，其收益都不会有所增加，所以在博弈过程中，其目的是选取使自身利益损失最小的策略。根据纳什均衡点分析可得：当 $\alpha \leqslant \dfrac{P_B}{r}$ 时，承包商 B 的最优策略为同意合理利益补偿方案。因为在此条件下，承包商 B 的损失最低。当 $\alpha \geqslant \dfrac{P_B}{r}$ 时，承包商 B 的最优策略为提出不合理利益补偿方案。同时，根据计算结果可以看出，承包商 B 的策略选择与承包商 A 的要价 r 以及发包方对其提出不合理利益补偿方案的处罚 P_B 有关，还可以看出，当 $P_B \geqslant r$ 时，$\dfrac{P_B}{r} \geqslant 1$，则 $\alpha \leqslant 1 \leqslant \dfrac{P_B}{r}$ 恒成立，则在此条件下，承包商 B 必然会同意合理利益补偿方案。因此，承包商 B 在面临策略选择时，要考虑承包商 A 的要价以及可能面临的来自发包方的惩罚 P_B，通过对两者的综合评估来找出使自身利益损失最小的策略。

3）关系的影响

根据第三章的论述，可以将关系因素量化为 λ，研究关系因素对博弈结果的影响。以关系因素 λ 影响发包方对两个承包方的处罚为例，承包商 A 和 B 的收益矩阵可以表示为表 5.3。

表 5.3 关系因素影响下的承包商 A 和 B 的收益矩阵

承包商 B	承包商 A	
	要价合理	要价不合理
同意合理利益补偿方案	$R_A^0 + r, R_B^0 - r$	$R_A^0 - \lambda_A P_A, R_B^0$
提出不合理利益补偿方案	$R_A^0, R_B^0 - \lambda_B P_B$	$R_A^0 - \lambda_A P_A, R_B^0 - \lambda_B P_B$

根据式(5.11)和式(5.16)，可得

$$\beta = -\frac{\lambda_A P_A}{r} \tag{5.17}$$

$$\alpha = \frac{\lambda_B P_B}{r} \tag{5.18}$$

因为 $\beta > 0$，所以发包方与承包商 A 的关系不影响 A 的行为取向；相反，发包方与承包商 B 的关系将影响 B 的行为取向。可见，关系因素能左右局内人的行为取向。

4）双方的应对策略

由以上分析可知，只有当承包商 A 要价合理且承包商 B 同意该补偿方案时，冲突才能通过自我管理的手段得以解决。因此，只有使承包商 A 在进行自我管理且顺利解决冲突后的收益最大，承包商 B 在自我管理阶段的利益损失最低，承包商 A 和承包商 B 才会选择同意和解方案，达成一致，使得冲突得以解决。但是根据收益矩阵以及均衡分析可知，无论承包商 B 同意合理利益补偿方案的概率有多大，承包商 A 的最佳策略选择都为要价合理。但是，当承包商 A 的策略选择为要价合理时，承包商 B 的最佳策略选择是不确定的，进而可知冲突双方能否进行自我管理且顺利解决冲突也是不确定的；只有当 $\alpha \leqslant \dfrac{P_B}{r}$ 时，承包商 B 的最优策略选择才必然为同意合理利益补偿方案，才能够与承包商 B 达成一致，顺利解决冲突。

所以，若要使承包商 B 的最佳策略选择为同意和解方案，就要使 $P_B \geqslant r$，即发包方对于承包商 B 提出不合理利益补偿方案的处罚 P_B 要大于承包商 A 的要价 r；或者说只有当承包商 A 所提出的利益诉求 r 小于因项目延期导致

发包方对承包商 B 的处罚 P_B 时，双方才能达到要价合理、同意合理利益补偿方案的纳什均衡，使得冲突能够通过自我协调或者双方协调的方式得到解决。

综上所述，承包商 A 和承包商 B 在冲突自我管理阶段能否达成一致，顺利解决冲突，取决于承包商 B 的策略选择。冲突双方能否和解的关键在于承包商 A 的利益诉求 r 与发包方对承包商 B 提出不合理利益补偿方案的处罚 P_B 之间的大小关系。所以针对冲突自我管理时的策略提出以下建议：如果要使得冲突能够自我管理，对于承包商 A 来说，在制订或者申请利益补偿之前，要对承包商 B 提出不合理利益补偿方案的处罚 P_B 以及自身损失利益多少进行合理评估，在通过自我协调或者采取相应手段之后，尽量使得制订或者提出的利益诉求 r 要合理且小于发包方对承包商 B 提出不合理利益补偿方案的处罚 P_B。同理，对于承包商 B，针对承包商 A 提出的诉求，首先要判定其合理不合理，此处"合理"是指承包商 A 提出的利益诉求不超过其损失；其次要对发包方对不同意和解一方的处罚金额进行评估，在对当前所处局势进行充分评估之后，做出能够使自身损失降到最低的策略选择，并考虑发包方与冲突当事方的关系因素，很显然，这将会影响局内人的行为取向。

六、冲突的第三方管理阶段

1）三方博弈的相关假设

由冲突自我管理阶段的分析可知，冲突双方能否和解的关键在于承包商 A 的利益诉求 r 与发包方对承包商 B 提出不合理利益补偿方案的处罚 P_B 之间的大小关系，但是如果当承包商对自身损失进行评估并采取相应手段降低损失之后，所提出的利益诉求 r 仍然大于发包方对承包商 B 提出不合理补偿方案的处罚 P_B，且此时承包商 A 要价合理的概率 $\alpha \geqslant \dfrac{P_B}{r}$，则承包商 B 必然不可能同意利益补偿方案，此时冲突必然不可能通过自我管理的手段得到解决。同时我们也应该明白，处罚并不是目的，而是应用于管理并且解决问题的一种手段，所以当冲突无法通过自我管理得到解决时，应该引入第三方，通过第三方的调解来化解冲突,此时第三方为发包方。

发包方参与协调冲突一般基于自身的利益考虑,而自身的利益又从项目绩效得到体现。对公共建筑项目而言,发包方通过考核项目绩效使自身收益得到提升,这里的收益包括两个方面:一方面是物质收益,通常是指工资、奖金等实质性的收入;另一方面是精神激励收益,一般是指发包方声誉的提高和职位的提升。所以,出于自身利益的考虑,当冲突愈演愈烈导致项目停滞或者因为项目冲突而导致项目绩效下降时,发包方应当介入进行调解,尽量化解冲突,保证项目顺利实施并且实现项目目标。发包方介入冲突进行调解的手段通常为补贴和惩罚,具体措施如下:(1)补贴:针对以下两种情况采取补贴策略:①发包方调解成功时,当承包商要价不合理时对其进行补贴;②发包方调解成功时,当承包商提出不合理利益补偿方案时对其进行补贴。(2)惩罚:针对以下两种情况采取惩罚策略:①发包方调解失败时,当承包商要价不合理时对其进行惩罚;②发包方调解失败时,当承包商提出不合理利益补偿方案时对其进行惩罚。当发包方介入冲突后,博弈情况会变得更为复杂,下面将采用混合策略纳什均衡进行分析。

同样,在分析之前做出如下假设:

承包商 A 发起冲突后,会提出相应的利益补偿,所以针对其所提出的利益诉求,有要价合理和要价不合理两种情况,设承包商 A 要价合理的概率为 α,发包方对承包商 A 的成本补贴系数为 η_A;承包商 B 作为冲突的被动方,针对承包商 A 所提出的利益补偿方案,也有同意合理利益补偿方案和提出不合理利益补偿方案两种策略取向,设承包商 B 同意合理利益补偿方案的概率为 β,发包方对承包商 B 的成本补贴系数为 η_B;若承包商 A 要价合理,发包方调解成功,则承包商 A 获得收益 r;若承包商 A 要价合理,发包方调解失败,则其收益不变;若承包商 A 要价不合理,但是承包商 B 承诺给予承包商 A 收益补偿 r',$r > r'$,当调解成功时,承包商 A 会得到收益补偿 r' 和来自发包方的成本补贴 $\eta_A s$,当调解失败时,承包商 A 不仅失去利益补偿 r',还将面临处罚 P_A。同样,当第三方调解成功时,若承包商 B 同意合理利益补偿方案,则承包商 B 将失去收益 r';若承包商 B 提出不合理利益补偿方案,则发包方会对其进行补贴,补贴过后其收益损失为 r,在第三方调解失败的情况下,若承包商 B 同意合理利益补偿方案,则承包商 B 的收益将不变,若承包商 B 提出不合理利益补偿方案,则将面临处罚 P_B。

发包方介入冲突的起因是持续的冲突对项目造成了不利的影响,介入冲突的目的是缝合双方裂痕,使得项目顺利进行,但是发包方介入调解需要付出必要的介入成本和代价,期待通过调解能减少因已有冲突造成的损失,甚至是提升项目管理绩效。假定发包方介入冲突后能成功化解冲突的概率为 γ,调解成功时的成本为 s_c,调解失败时的成本为 s_f,因为协调成功时,至少会对某一方进行成本补贴,所以这里 $s_c \geqslant s_f$;挽回损失包括物质收益和精神激励两个方面,总计为 t。如果管理冲突失败,不仅失去已投入的成本 s_f,自己还将面临损失持续扩大的问题,额外损失记为 e。

2) 三方博弈收益分析

本节将采用混合策略纳什均衡理论计算三方各种行为取向组合下的收益。假定发包方介入冲突前三方的收益为 (R_A^0, R_B^0, R_C^0),可得在下面几种情况下的各方收益:

(1) 若承包商 A 要价合理,承包商 B 同意合理利益补偿方案,在此条件下发包方不参与调解,则此时承包商 A、承包商 B 和发包方的收益为 $(R_A^0 + r, R_B^0 - r, R_C^0)$;

(2) 若承包商 A 要价合理,承包商 B 提出不合理利益补偿方案,发包方调解成功,承包商 B 将会获得发包方的成本补贴 $\eta_B s$,则此时承包商 A、承包商 B 和发包方的收益为 $(R_A^0 + r, R_B^0 - r + \eta_B s, R_C^0 + t - s_c)$;

(3) 若承包商 A 要价合理,承包商 B 提出不合理利益补偿方案,发包方调解失败,承包商 B 将会面临来自发包方的惩罚 P_B,则此时承包商 A、承包商 B 和发包方的收益为 $(R_A^0, R_B^0 - P_B, R_C^0 + P_B - s_f - e)$;

(4) 若承包商 A 要价不合理,承包商 B 同意合理利益补偿方案,发包方调解成功,承包商 A 将会获得发包方的成本补贴 $\eta_A s$,则此时承包商 A、承包商 B 和发包方的收益为 $(R_A^0 + r' + \eta_A s, R_B^0 - r', R_C^0 + t - s_c)$;

(5) 若承包商 A 要价不合理,承包商 B 同意合理利益补偿方案,发包方调解失败,承包商 A 将会面临来自发包方的惩罚 P_A,则此时承包商 A、承包商 B 和发包方的收益为 $(R_A^0 - P_A, R_B^0, R_C^0 + P_A - s_f - e)$;

(6) 若承包商 A 要价不合理,承包商 B 提出不合理利益补偿方案,发包方调解成功,承包商 A、承包商 B 将会分别获得发包方的成本补贴 $\eta_A s$, $\eta_B s$,则此时承包商 A、承包商 B 和发包方的收益为 $(R_A^0 + r' + \eta_A s,\ R_B^0 - r' + \eta_B s,\ R_C^0 + t - s_c)$;

(7) 若承包商 A 要价不合理,承包商 B 提出不合理利益补偿方案,发包方调解失败,承包商 A、承包商 B 将会分别面临来自发包方的惩罚 P_A, P_B,此时承包商 A、承包商 B 和发包方的收益为 $(R_A^0 - P_A,\ R_B^0 - P_B,\ R_C^0 + P_A + P_B - s_f - e)$;

对于发包方来说,其介入冲突的目的是为了成功地化解冲突,改善项目绩效,消除冲突所带来的不良影响;对于承包商 A 来说,发起冲突的目的是为了获得利益补偿,所以在发包方介入后的三方博弈中,其目的是保证在发起冲突后自身的利益能够有所增加,只有这样,承包商 A 才会配合发包方进行调解;对于承包商 B 来说,因为其处于道德劣势,无论发包方调解成功还是调解失败,其利益都会有所损失,所以在三方博弈中,其目的是使得自身利益受损降到最低,三方在不同选择下的收益博弈如下:

承包商 A 的博弈行为分析:

当发包方介入并且调解成功的概率为 γ 时,承包商 A 在不同策略选择下的收益分别为:

要价合理时:

$$T_A^\alpha = \beta(R_A^0 + r) + \gamma(1-\beta)(R_A^0 + r) + (1-\gamma)(1-\beta)R_A^0 \quad (5.19)$$

要价不合理时:

$$\begin{aligned} T_A^{1-\alpha} = {} & \gamma[\beta + (1-\beta)](R_A^0 + r' + \eta_A s) \\ & + (1-\gamma)[\beta + (1-\beta)](R_A^0 - P_A) \end{aligned} \quad (5.20)$$

当承包商 A 要价合理与不合理期望收益相等时,令

$$T_A^\alpha = T_A^{1-\alpha} \quad (5.21)$$

即 $\beta(R_A^0 + r) + \gamma(1-\beta)(R_A^0 + r) + (1-\gamma)(1-\beta)R_A^0 = \gamma(R_A^0 + \eta_A s + r') + (1-\gamma)(R_A^0 - P_A)$

可得

$$\gamma = -\frac{\beta r + P_{\mathrm{A}}}{(1-\beta)r - r' - \eta_{\mathrm{A}}s - P_{\mathrm{A}}} \tag{5.22}$$

由式(5.22)可知,在三方博弈中,对于承包商 A 而言,博弈的纳什均衡点为:
$\gamma = -\dfrac{\beta r + P_{\mathrm{A}}}{(1-\beta)r - r' - \eta_{\mathrm{A}}s - P_{\mathrm{A}}}$,则当 $\gamma \geqslant -\dfrac{\beta r + P_{\mathrm{A}}}{(1-\beta)r - r' - \eta_{\mathrm{A}}s - P_{\mathrm{A}}}$ 时,
承包商 A 的最优策略选择为要价合理,因为在此条件下,当发包方调解成功
时,承包商 A 选择要价合理会比选择要价不合理的收益多;当 $\gamma \leqslant$
$-\dfrac{\beta r + P_{\mathrm{A}}}{(1-\beta)r - r' - \eta_{\mathrm{A}}s - P_{\mathrm{A}}}$ 时,承包商 A 的最优策略选择为要价不合理,因
为此时,承包商 A 要价不合理的收益更高,同样,在此条件下,发包方给予承
包商 A 的成本补贴 $\eta_{\mathrm{A}}s$ 相对于当调解不成功且承包商 A 要价不合理时发包
方对承包商 A 的惩罚是较多的,也就是说,发包方为了调解成功所给予承包
商 A 的补贴成本的期望 $\eta_{\mathrm{A}}s$ 足以抵消当发包方调解不成功时承包商 A 要价
不合理所面临的处罚 P_{A}。此外,减小当发包方调解成功时对承包商 A 要价
不合理的成本补贴 $\eta_{\mathrm{A}}s$,使得 $(1-\beta)r - r' - \eta_{\mathrm{A}}s - P_{\mathrm{A}} \geqslant 0$,有
$-\dfrac{\beta r + P_{\mathrm{A}}}{(1-\beta)r - r' - \eta_{\mathrm{A}}s - P_{\mathrm{A}}} \leqslant 0$ 恒成立,但是发包方调解成功的概率 $\gamma \geqslant 0$
恒成立,所以 $\gamma \geqslant 0 \geqslant -\dfrac{\beta r + P_{\mathrm{A}}}{(1-\beta)r - r' - \eta_{\mathrm{A}}s - P_{\mathrm{A}}}$ 恒成立,即发包方调解成功
的概率 γ 大于一个负值,所以根据对纳什均衡点的分析可知,此时承包商 A
的策略选择必然为要价合理。从以上计算结果还可以看出,承包商 A 的策略
选择还与发包方协调失败时,对其选择要价不合理时的惩罚 P_{A} 有关,因此适
当地增加协调失败时对其要价不合理的惩罚 P_{A},有利于使其要价合理,从而
更利于调解。

承包商 B 的博弈行为分析:

当发包方介入并且调解成功的概率为 γ 时,承包商 B 同意合理利益补偿
方案与提出不合理利益补偿方案的收益分别为:

同意合理利益补偿方案

$$T_B^{\beta} = \alpha(R_B^0 - r) + (1-\alpha)\gamma(R_B^0 - r') + (1-\alpha)(1-\gamma)R_B^0 \quad (5.23)$$

不同意合理利益补偿方案

$$T_B^{1-\beta} = \gamma\alpha(R_B^0 - r + \eta_B s) + \gamma(1-\alpha)(R_B^0 - r' + \eta_B s)$$
$$+ (1-\gamma)[\alpha + (1-\alpha)](R_B^0 - P_B) \quad (5.24)$$

若发包方调解成功与调解失败对其收益无影响,则

令

$$T_B^{\beta} = T_B^{1-\beta} \quad (5.25)$$

即 $\quad \alpha(R_B^0 - r) + (1-\alpha)\gamma(R_B^0 - r') + (1-\alpha)(1-\gamma)R_B^0$

$= \gamma\alpha(R_B^0 - r + \eta_B s) + \gamma(1-\alpha)(R_B^0 - r' + \eta_B s) + (1-\gamma)(R_B^0 - P_B)$

可得

$$\gamma = \frac{P_B - \alpha r}{\eta_B s + P_B - \alpha r} \quad (5.26)$$

由式(5.26)可知,在三方博弈中,对于承包商 B 而言,博弈的纳什均衡点为: $\gamma = \dfrac{P_B - \alpha r}{\eta_B s + P_B - \alpha r}$。因为承包商 B 处于道德劣势,所以无论调解成功还是调解失败,其利益都会有所损失,当发包方调解成功的概率 $\gamma \leqslant \dfrac{P_B - \alpha r}{\eta_B s + P_B - \alpha r}$ 时,承包商 B 的最优策略选择为同意合理利益补偿方案,因为在此条件下,承包商 B 选择同意合理利益补偿方案时的收益比选择提出不合理利益补偿方案时的收益高,即在此条件下,选择同意合理利益补偿方案会降低自身的损失;当发包方调解成功的概率 $\gamma \geqslant \dfrac{P_B - \alpha r}{\eta_B s + P_B - \alpha r}$ 时,承包商 B 的最优策略为提出不合理利益补偿方案,因为在此条件下,发包方调解成功的概率较高,承包商 B 的策略选择为提出不合理和解方案时,能够获得来自发包方的成本补贴 $\eta_B s$,从而降低自身损失。同时还可以看出,承包商 B 的策略选择受发包方在协调失败时对其提出不合理利益补偿方案的惩罚 P_B 以及承包商 A 的要价 r 的影响。若 $P_B - \alpha r = 0$,则 $\dfrac{P_B - \alpha r}{\eta_B s + P_B - \alpha r} = 0$,因为 0

$\leqslant \gamma \leqslant 1$,所以可得 $\gamma = 0$,则当发包方调解成功的概率 $\gamma \geqslant \dfrac{P_B - \alpha r}{\eta_B s + P_B - \alpha r}$ 时,承包商 B 的最优策略选择为提出不合理利益补偿方案,可以得出,当 $P_B - \alpha r \leqslant 0$ 时,承包商 B 必然提出不合理利益补偿方案,同理,当 $\eta_B s = 0$ 时,有 $\gamma \leqslant 1$ 恒成立,此时承包商 B 必然同意合理利益补偿方案。因此,对于承包商 B 来讲,在制定相应策略时,先要客观地分析承包商 A 的要价 r、协调成功时发包方对其的成本补贴 $\eta_B s$ 和协调失败时来自发包方的惩罚 P_B,再根据三者之间所满足的特定关系,选择能够使自身利益损失降到最低的策略。

发包方博弈行为分析:

当承包商 A 要价合理的概率为 α,承包商 B 同意合理利益补偿方案的概率为 β 时,发包方在不同调解结果下的收益分别为:

发包方调解成功

$$T_C^{\gamma} = \alpha(1-\beta)(R_C^0 + t - s_c) + $$
$$(1-\alpha)\beta(R_C^0 + t - s_c) + (1-\alpha)(1-\beta)(R_C^0 + t - s_c)$$

$$(5.27)$$

发包方调解失败

$$T_C^{1-\gamma} = \alpha(1-\beta)(R_C^0 + P_B - s_f - e) + (1-\alpha)\beta(R_C^0 + P_A - s_f - e) + $$
$$(1-\alpha)(1-\beta)(R_C^0 + P_A + P_B - s_f - e)$$

$$(5.28)$$

若发包方调解成功时的收益与调解失败时的收益无差别,则

令

$$T_C^{\gamma} = T_C^{1-\gamma} \qquad (5.29)$$

即　$\alpha(1-\beta)(R_C^0 + t - s_c) + (1-\alpha)\beta(R_C^0 + t - s_c) + (1-\alpha)(1-\beta)(R_C^0 + t - s_c) = \alpha(1-\beta)(R_C^0 + P_B - s_f - e) + (1-\alpha)\beta(R_C^0 + P_A - s_f - e) + (1-\alpha)(1-\beta)(R_C^0 + P_A + P_B - s_f - e)$

化简可得

$$(1-\alpha\beta)(t-s_c) = (1-\alpha\beta)(-s_f-e) + (1-\alpha)P_A + (1-\beta)P_B$$

解得

$$t = \frac{(1-\alpha\beta)(s_c-s_f-e) + (1-\alpha)P_A + (1-\beta)P_B}{1-\alpha\beta} \tag{5.30}$$

在三方博弈中,对于发包方而言,博弈的纳什均衡点为:$t = \dfrac{(1-\alpha\beta)(s_c-s_f-e) + (1-\alpha)P_A + (1-\beta)P_B}{1-\alpha\beta}$。则对于发包方而言,首先可以肯定的是:其介入调解冲突的目的是成功地化解冲突,使得项目顺利进行,消除冲突带来的不良影响。所以为了达到这一目标,需要在冲突无法通过自我管理的手段解决时,对承包商 A 和承包商 B 采取相应的措施,或是补贴,或是惩罚,在有了发包方介入并制定一系列约束条件后,才有了调解成功并使自身收益增加的可能。

通过计算结果分析可知,当发包方介入冲突并且调解成功后的额外收益 $t \geqslant \dfrac{(1-\alpha\beta)(s_c-s_f-e) + (1-\alpha)P_A + (1-\beta)P_B}{1-\alpha\beta}$ 时,发包方会介入冲突并且成功调解冲突,因为当发包方介入冲突并且调解成功后的额外收益 $t \geqslant \dfrac{(1-\alpha\beta)(s_c-s_f-e) + (1-\alpha)P_A + (1-\beta)P_B}{1-\alpha\beta}$ 时,发包方调解成功后的自身收益会大于其调解失败时的自身收益,也就是说,此时介入冲突,是有利可图的,能够及时止损。同时根据计算结果也可以看出来,发包方介入冲突且调解成功后的额外收益与承包商 A 要价合理的概率 α、发包方调解失败时对承包商 A 要价不合理的惩罚 P_A、承包商 B 同意合理利益补偿方案的概率 β、发包方协调失败时对承包商 B 提出不合理利益补偿方案的惩罚 P_B 以及发包方自身的介入成本 s 有关,从计算结果来看,适当提高发包方调解失败时承包商 A 要价不合理的惩罚 P_A、发包方调解失败时对承包商 B 提出不合理利益补偿方案的惩罚 P_B 或者缩减介入成本都能够使得发包方收益增加。此外,当发包方调解成功时,其对于承包商 A 要价不合理、承包商 B 提出不合理利益补偿方案的成本补贴 $\eta_A s$、$\eta_B s$ 并不是无限制的,当超过某一限度,即使得发包方调解成功后仍有损失时的临界点时,发包方会默认调解失败。

3) 三方博弈应对策略

由式(5.22)可知,对于承包商 A 而言,当发包方调解成功的概率 $\gamma \geqslant$ $-\dfrac{\beta r + P_A}{(1-\beta)r - r' - \eta_A s - P_A}$ 时,承包商 A 的最优策略为要价合理,因为在此条件下,当发包方调解成功时,承包商 A 选择要价合理会比选择要价不合理的收益多;当发包方调解成功的概率 $\gamma \leqslant -\dfrac{\beta r + P_A}{(1-\beta)r - r' - \eta_A s - P_A}$ 时,承包商 A 的最优策略为要价不合理。由式(5.26)可知,对于承包商 B 而言,其选择策略与发包方对于其提出不合理利益补偿方案的惩罚 P_B、其承诺给予承包商 A 的要价 r 以及发包方协调成功时对其提出不合理利益补偿方案时的成本补贴 $\eta_B s$ 有关。因此,在选取策略时,先要客观地分析承包商 A 的要价 r、协调成功时发包方的成本补贴 $\eta_B s$ 以及协调失败时来自发包方的惩罚 P_B,再根据三者之间所满足的特定关系,选择能够使自身利益损失降到最低的策略。当发包方调解成功的概率 $\gamma \leqslant \dfrac{P_B - \alpha r}{\eta_B s + P_B - \alpha r}$ 时,承包商 B 的最优策略为同意合理利益补偿方案,因为在此条件下,承包商 B 选择同意合理利益补偿方案时的收益比选择提出不合理利益补偿方案时的收益高;当发包方调解成功的概率 $\gamma \geqslant \dfrac{P_B - \alpha r}{\eta_B s + P_B - \alpha r}$ 时,承包商 B 的最优策略为提出不合理利益补偿方案。由式(5.30)可知,对于发包方而言,只有当调解成功后的额外收益 $t \geqslant \dfrac{(1-\alpha\beta)(s_c - s_f - e) + (1-\alpha)P_A + (1-\beta)P_B}{1-\alpha\beta}$ 时,发包方介入调解,是有利可图的,而且适当提高发包方调解失败时承包商 A 要价不合理的惩罚 P_A、调解失败时发包方对承包商 B 提出不合理利益补偿方案的惩罚 P_B 或者缩减介入成本都能够使得发包方收益增加,而且还可以促使承包商 A 要价合理,承包商 B 同意合理利益补偿方案,更有利于调解。若考虑发包方对承包方 A 和承包方 B 的影响 λ_A、λ_B,则根据式(5.22)、式(5.26)、式(5.30)可知,三方的行为取向均会受到影响。

七、三阶段博弈进程演化分析及应对策略

本书在第一部分介绍了项目背景,并以该项目为背景,提炼出建筑工程项目施工阶段两个承包商之间冲突的一般性问题,并对问题进行了相应的描述,之后对冲突的三个阶段主体博弈行为进行分析,明确了在各个阶段影响主体策略选择的关键因素。本节将根据前述案例分析,构建冲突演化的三阶段模型,为各个阶段的冲突管理提出相应的管理策略。

冲突过程也是主体不断博弈的过程,演化进程可分为三个阶段:第一阶段,承包商 A 选择发起冲突后,会进入冲突的自我管理阶段;第二阶段,承包商 A 会提出一定的利益诉求,若承包商 B 同意该利益补偿,则双方达成和解,否则第三方介入调解,此时进入冲突的第三方管理阶段;第三阶段,承包商 A、承包商 B 和发包方进行三方博弈。根据以上分析,可构建如图 5.7 所示的三阶段冲突演化模型。

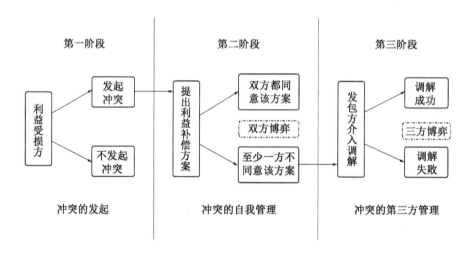

图 5.7 三阶段冲突演化模型

由图 5.7 可知,本章所研究的零和博弈案例从三阶段冲突演化模型角度分析,存在以下特点:

(1) 冲突自我管理的治理主体只有冲突当事人,第三方管理的治理主体

至少包含三方主体；

（2）从自我管理到第三方管理，治理主体出现了演化；

（3）从内部治理机制看，冲突传递与转移机制、补贴和惩罚机制都得到了应用，着力于解决冲突处理方法问题。

利益受损方为承包商 A，行为不当的一方为承包商 B。在第一阶段，由于承包商 B 的行为导致了承包商 A 的利益受损，此时，承包商 A 处于道德优势，承包商 B 处于道德劣势，由于事先对于冲突事项并没有具体的合同或者法律的约束，因此承包商 A 可能会向承包商 B 提出一定的利益诉求，即承包商 A 发起冲突，期望从冲突中得到相应的利益补偿，但是能否得到补偿是不确定的，会受到各方面因素的影响，虽然通过冲突确实存在实现利益补偿的可能性，但同时也会面临着更大损失的风险。因此，作为利益诉求方，承包商 A 必须仔细考察当前自己所处的局势，分析实现利益诉求的可能性，由前文分析结果可知，只有当发起冲突后获得利益补偿的概率足够大，即发起冲突后获得利益补偿的概率 $\beta \geqslant \dfrac{(1-\alpha)R_{1-\alpha}+\alpha R_{1-\beta}}{\alpha(R_{\beta}+R_{1-\beta})}$ 时，承包商 A 选择发起冲突是有利的，这意味着大概率会获得利益补偿。

当承包商 A 在经过对当前自身所处局势进行了细致考察之后选择了发起冲突，则进入第二阶段，即冲突的自我管理阶段。在该阶段，承包商 A 与承包商 B 进行双方博弈。对于承包商 A 而言，其有要价合理与要价不合理两种策略选择；对于承包商 B 而言，其有同意合理利益补偿方案与提出不合理利益补偿方案两种策略选择。在博弈过程中，承包商 A 会找出使自身利益最大化的策略选择，承包商 B 会找出使自身利益损失最小的策略选择。对于承包商 A 而言，无论承包商 B 同意合理利益补偿方案的概率有多大，其最优策略选择都为要价合理；对于承包商 B 而言，其策略选择与承包商 A 要价合理的概率及其要价，以及发包方对其不同意利益补偿方案的处罚有关，当发包方对 B 的处罚大于承包商 A 的要价时，其必然会同意合理利益补偿方案，而只有当双方博弈的纳什均衡为要价合理、同意合理利益补偿方案时，冲突才能够通过自我管理的手段得到解决。

若冲突双方在第二阶段博弈中未能达成一致，即博弈的纳什均衡不是要价合理、同意合理利益补偿方案,则进入第三阶段,即冲突的第三方管理,此时第三方为发包方。当发包方介入冲突后,双方博弈将转变为三方博弈,此时博弈情况会更为复杂。在第三阶段,仍然采用混合策略纳什均衡去分析三个主体的策略选择。对于承包商 A 而言,其策略选择与发包方调解成功时对其策略选择为要价不合理时的成本补贴 $\eta_A s$ 以及调解失败时对其策略选择为要价不合理时的惩罚 P_A 有关,减小调解成功时发包方对承包商 A 要价不合理的补贴 $\eta_A s$,或者增大发包方对调解失败时承包商要价不合理的惩罚 P_A,都会使承包商 A 的策略选择倾向于要价合理。对于承包商 B 而言,因为在整个博弈过程中,其处于道德劣势,所以冲突能否解决,其收益都会有所损失,所以在三方博弈的过程中,承包商 B 的目的是选取使自身利益损失降到最低的策略。对承包商 B 的博弈行为进行分析可知,其策略选择受发包方在协调成功时对承包商 B 提出不合理利益补偿方案的成本补贴 $\eta_B s$、发包方在协调失败时对承包商 B 不同意合理利益补偿方案的惩罚 P_B 以及承包商 A 的要价 r 等因素的影响。因此,对于承包商 B 而言,在制定相应策略时,要客观地分析承包商 A 的要价 r、协调成功时发包方的成本补贴 $\eta_B s$ 以及协调失败时来自发包方的惩罚 P_B,再根据三者之间所满足的特定关系,选择能够使自身利益损失降到最低的策略。当调解失败时发包方对其不同意合理利益补偿方案时的处罚 P_B 小于其同意合理利益补偿方案时的损失 r 的期望 ar 时,承包商 B 必然倾向于提出不合理利益补偿方案。对于发包方而言,冲突无法解决会影响项目绩效,导致其利益受损,所以其介入冲突的目的是为了调和双方矛盾,成功化解冲突,消除因冲突所带来的不利影响。其介入调解后会采取补贴和惩罚的手段缓和双方矛盾,针对以下两种情况采取补贴策略:①发包方调解成功时,当承包商 A 要价不合理时对其进行补贴;②发包方调解成功时,当承包商 B 提出不合理利益补偿方案时对其进行补贴。针对以下两种情况采取惩罚策略:①发包方调解失败时,当承包商 A 要价不合理时对其进行惩罚;②发包方调解失败,当承包商 B 提出不合理利益补偿方案时对其进行惩罚。但是发包方采取补贴策略时,要考虑其自身收益,并不是为了调解成功而无底线地补贴,因为补贴是发包方介入冲突的成本中的一部分,无底线补贴会导致其介入成本过高,即使调解成功,也会得不偿失。只有当其介入冲突并且调解成功后的额外收益大于纳什均衡点时,介入冲突并且调解成功才是可行的,才能消除持续冲突对项目及其自身所带来的不利影响,改善项目绩效。此外,还可以提高对承包商 A 要价不合理的惩罚 P_A 和对承包商 B 提出不合理利益补偿方案的惩罚 P_B,使得调解成功时自身收益增加,还可以促使承包商 A 要价合理,承包商 B 同意合理利益补偿方案,更有利于调解。

从项目整体的角度考虑,此类冲突可能会导致项目延期,对项目绩效产生不利影响,因此,一旦项目主体或利益受损一方发起冲突,应该及时解决,避免冲突持续和扩大,从而产生不可挽回的损失。所以,根据对承包商 A、承包商 B 和发包方主体博弈行为的分析结果以及对冲突三阶段演化模型的解释,提出如下应对策略。

(1) 承包商 A 发起冲突后,在自我管理阶段,进行双方博弈,其能否得到利益补偿与承包商 B 同意合理利益补偿方案的概率无关,但是双方博弈能否达到要价合理、同意合理利益补偿方案这一纳什均衡,取决于承包商 B 的选择。因此,在承包商 A 发起冲突后,为了使承包商 B 同意合理利益补偿方案,可以提高其提出不合理利益补偿方案的惩罚 P_B,使得冲突在自我管理阶段能够得以解决,避免需要第三方介入使得冲突持续和扩大。此外,在第一时间解决冲突,也能减小解决冲突的成本,使项目损失降到最低。

(2) 若冲突双方在自我管理阶段未能达到纳什均衡,则发包方会介入调解。为了能够成功化解冲突,可以提高对承包商 A 要价不合理的惩罚 P_A 和对承包商 B 提出不合理利益补偿方案的惩罚 P_B,此策略可以使承包商 A 的策略选择倾向于要价合理,承包商 B 的策略选择倾向于同意合理利益补偿方案,则在此条件下,更有利于调解。此外,还可以采取补贴策略,加大补贴力度,同样能够使得冲突双方更好地达成一致。但是,在采取补贴策略时,还要考虑发包方自身的介入成本,所以,发包方在采取补贴策略时,要考虑调解成功后的自身收益,不能无底线补贴,所以要控制好补贴与惩罚之间的数量大小关系,尽量使得最后调解成功且发包方利益不受损失,避免出现"三方皆输"的结果。

(3) 完善合同约束。承包商 A 能够发起冲突是因为冲突事项没有具体的合同以及法律的约束,也就是说,合同是不完备的,如果合同中对于此类冲突有明确的约束及解决方案,那么依据合同及法律,就能够顺利地解决冲突。但是,每个项目所面临的情况千差万别,而且对于未来可能出现的情况又无法进行完全预测,所以完善合同约束需要拥有丰富经验的专业人员起草合同,同时在起草合同时要对未来可能出现的问题以及冲突预留一定的谈判和调解空间,并建立临时制度约束和脚本方案,以应对未来可能出现的各种问题。

(4)建立并完善监管及协调机制。建立好监管及协调机制,当冲突发起后应该第一时间解决,减少因持续冲突所带来的负面影响。因此,当冲突无法通过自我管理及时解决时,发包方应在第一时间介入,避免冲突所带来的损失扩大。完善的监管及协调机制能够在第一时间发现并解决问题,降低各方利益损失。因此,按照事前控制、事中控制和事后控制的原则建立和完善监管及协调机制。事前控制:承包商 B 的不当行为,可能会导致承包商 A 的利益受损时,在该行为发生前,应及时提醒并预测其行为的影响,提前做好准备,为接下来可能出现的问题或者冲突预留出相应的谈判和调解空间,或者寻求更好的策略以达成承包商 B 采取不当行为要完成的目标。事中控制:即成熟的协调机制能够在冲突发起后的第一时间做出反应,制定出最优的策略来调解冲突,使得冲突能够顺利解决。事后控制:在冲突顺利解决之后,应该及时地进行总结,归纳出相应的管理方法,为以后解决此类冲突提供行之有效的解决方案,但是若冲突未能顺利解决,也应该总结教训,避免在以后的工作中再次出现此类状况。因此,健全完善的监管及协调机制,对于冲突的及时发现和调解起着非常关键的作用,但是监管及协调机制的建立和完善并不是一蹴而就的,需要经验丰富且有能力的专业人士去不断地努力,同时,还需要每一个参与主体的配合。

(5)建立专业的评估体系和评估标准。承包商 A 发起冲突后,承包商 B 不同意合理利益补偿方案除了有一部分是自身原因(如工作团队中领导人性格、企业文化的影响等)外,还有可能是因为承包商 A 的要价不合理,而对于承包商 A 的要价是否合理,承包商 A 和承包商 B 肯定都有自己的判定标准,判定及评估标准不统一会导致承包商 A 认为自己提出的要价是合理的,但是承包商 B 却认为不合理,拒不接受,进而导致了冲突无法通过自我管理得以解决。所以,建立一个统一的评估体系和评估标准,有利于各方在对自身损失或者收益进行评估时得到其他方的认可,从而更有利于各方达成一致,成功化解冲突。

(6) 建立起严格的审查及惩罚机制。惩罚是管理的一种手段,无论是从上述冲突的三阶段演化分析还是构建的三阶段冲突演化模型来看,惩罚机制都在其中扮演了重要的角色。所以,若进行惩罚能够解决冲突,则应该及时地制定相应的惩罚措施,使冲突参与方改变其策略,保证冲突在第一时间解决。

(7) 加强沟通。沟通的方式通常包括正式沟通和非正式沟通,上行沟通、下行沟通和平行沟通,单向沟通与双向沟通,书面沟通和口头沟通,语言沟通和体语沟通等。在承包商 B 对承包商 A 的利益造成损失之后,相关管理人员应灵活运用上述各种沟通方式,加强双方之间的交流沟通,化解冲突与矛盾,以保证项目顺利进行。除此之外,在项目进行过程中,参与项目的主体之间也要不断地进行沟通,并且要充分考虑自己所采取的策略对他人的影响,若因自己行为不当,导致其他合作主体利益受损,则应该及时与其进行协商,解释说明原因,并对自身实际情况以及合作方的利益受损情况进行评估,可在一定程度上满足利益受损方所提出的利益诉求,以挽回因自身行为不当导致的合作方的利益损失。此外,若自身行为不当导致了合作方利益受损,则应在一定程度上满足其利益诉求或者给予相应补偿,还能够避免影响自身的声誉。

通过沟通,可以及时了解对方情况,并给予对方一定的理解和支持。承包商 B 要了解其行为对承包商 A 造成了哪些损失和不利影响,互相磋商并与其一起研究如何解决出现的问题,寻求最优的策略。此外,承包商 A 也应该了解承包商 B 做出此次不当行为的原因,不能只考虑到自身利益受损,就站在道德制高点索要补偿,通过沟通加深相互间的理解,有利于双方达成一致,化解冲突,也有利于第三方介入调解。

(8) 加强关系建设。人与人之间存在关系远近,本节讨论的关系不仅仅是发包方与两个承包方之间的关系,还应当加强并改善两个承包商之间的关系。事实证明,加强冲突当事人之间的关系建设有助于冲突解决。

（9）促进建筑工程项目的现代化及信息化管理。当今社会处于信息高速发展的时代,信息技术遍布于社会各个角落,所以,在管理工程项目冲突时也应该积极地采用计算机技术等现代化信息技术。采用计算机网络技术,能够方便快捷地优化人员、资源的配置,同时也能够为各个冲突主体提供最快、最优的策略选择,能够从系统整体的角度全面考虑,使冲突顺利解决的同时,各方的利益能够达到最大化,项目绩效达到最优。此外,为冲突主体提供快速的策略选择能够缩短解决冲突所需要的时间,减少持续冲突带来的损失。

第四节 项目冲突管理演化博弈分析

一、冲突自我管理演化博弈分析

1) 演化博弈的研究内容

(1) 演化稳定策略

演化稳定策略是演化博弈理论中的重要概念之一,是演化博弈达到稳定均衡时的结果,相当于博弈论中的纳什均衡。

演化稳定策略的定义如下:某个群体中所有的个体一开始都任意选择策略,可能有的个体选择的策略收益较高,有的个体选择的策略收益较低。当某个体发现其他个体选择的策略比自己所选择的策略收益更高时,该个体便会效仿其他个体,改变自己的策略,进而选择收益更高的策略;反之发现其他个体选择的策略比自己所选择的策略收益低,那么就会维持原策略不变。随着演化的进行,选择更高收益策略的个体越来越多,占群体中的比例也越来越高,直到最后群体中的所有个体都选择收益高的策略。当最后群体选择的策略已经是最优的策略,并且不再会因个体策略的改变而改变,达到了稳定状态,那么该策略就是演化稳定策略。

(2) 复制动态方程

在演化博弈中,因为是动态博弈过程,所以群体在进行策略选择时是存在时间因素的,在演化稳定策略中提到,如果个体原策略收益低于新策略,那么个体将会采取新策略。复制动态方程便是反映采取新策略个体比例的变化速度的。当前采取新策略的个体占群体比例越高,即采取新策略的个体数越多,那么变化速度便越快,会迅速引发更多的其他个体随之效仿。此外,还与新策略所能带来的收益提升相关,新策略能带来的收益较原策略越高,那么同样被复制的速度越快。最终可以对采取新策略的个体比例的变化速度构建出一个微分方程,由于该方程主要用于描述新策略被复制的动态速度,所以称之为复制动态方程。

(3) 雅可比矩阵

在向量微积分中,雅可比(Jacobian)矩阵是一阶偏导数以一定方式排列成的矩阵,其行列式称为雅可比行列式。雅可比矩阵的重要性在于它体现了一个可微方程与给出点的最优线性逼近,其在演化博弈中用于演化均衡点的求解。利用雅可比矩阵将复制动态方程这个可微方程进行求解,给出复制动态方程中点的最优线性逼近,即求得演化均衡点。

2) 冲突博弈与收益矩阵

若在建筑市场中存在大量的此类冲突问题,则承包商 A 的行为代表着市场中大量其他类似个体的演化行为选择;承包商 B 的行为也代表着市场中大量其他类似个体的演化行为选择。参照第三节所述案例内容,分析冲突双方在不同行为取向下的收益。所不同的是,演化博弈是一个过程,冲突双方并不清楚哪个决定会带来最大收益。双方的行为受对方的影响,会动态调整。这样做的目的就是为了获得最大收益。因此博弈是动态的,还会有时间因素的影响,在定义的时间范围内各参与主体的行为策略会受到群体中其他个体以及自身选择的影响,随时间推移而发生相应的改变。在演化博弈模型中,承包商 A 的策略集为:{要价合理,要价不合理},承包商 B 的策略集也为:{同意合理利益补偿方案,提出不合理利益补偿方案}。承包商 A 群体中选择要价合理的群体比例为 $x(0 \leqslant x \leqslant 1)$,选择要价不合理的群体比例为 $1-x$;承包商 B 群体中选择同意合理利益补偿方案的群体比例为 $y(0 \leqslant y \leqslant 1)$,提出不合理利益补偿方案的群体比例为 $1-y$。 通过排列组合,可以得出四种结果:承包商 A 要价合理,承包商 B 同意合理利益补偿方案,冲突解决;承包商 A 要价不合理,承包商 B 同意合理利益补偿方案;承包商 A 要价合理,承包商 B 提出不合理利益补偿方案;承包商 A 要价不合理,承包商 B 提出不合理利益补偿方案,冲突依旧,没有缓和的迹象。

假定承包商 A 和承包商 B 冲突前的收益可以表示为 (R_A, R_B),冲突后,双方不同的行为策略导致不同的收益。当承包商 B 满足了承包商 A 的诉求时,承包商 A 将获得额外收益补偿 r,相应地承包商 B 失去了收益 r;当承包商 A 要价不合理,不同意和解时,将面临发包方的处罚 P_A;当承包商 B 提出不合理利益补偿方案时,将面临发包方的处罚 P_B。r、P_A、P_B 均大于 0。参照第三节冲突双方不同行为取向下的收益分析过程,可得类似的结果。

(1) 承包商 A 要价合理,承包商 B 同意合理利益补偿方案。承包商 A 将获得额外收益补偿 r,因此此时收益为 R_A+r;相应地,承包商 B 失去了收益 r,此时收益为 R_B-r。

(2) 承包商 A 要价不合理,承包商 B 同意合理利益补偿方案。承包商 A 要价不合理,将面临发包方的处罚 P_A,并且无法获得额外收益补偿 r,此时收益为 R_A-P_A;承包商 A 没有同意和解,那么承包商 B 不会失去收益 r,也没有来自发包方的处罚 P_B,此时收益为 R_B。

(3) 承包商 A 要价合理,承包商 B 提出不合理利益补偿方案。承包商 A 无法获得额外收益补偿 r,但也不用面临发包方的处罚 P_A,此时收益为 R_A;承包商 B 不会失去收益 r,但会遭受发包方的处罚 P_B,此时收益为 R_B-P_B。

(4) 承包商 A 要价不合理,承包商 B 提出不合理利益补偿方案。承包商 A 要价不合理,将面临发包方的处罚 P_A,并且无法获得额外收益补偿 r,此时收益为 R_A-P_A;承包商 B 不会失去收益 r,但会遭受发包方的处罚 P_B,此时收益为 R_B-P_B。承包商 A 和 B 复制动态收益矩阵如表 5.4 所示。

表 5.4　承包商 A 和 B 复制动态收益矩阵

承包商 B	承包商 A	
	要价合理(x)	要价不合理($1-x$)
同意合理利益补偿方案（y）	$R_A+r,\ R_B-r$	$R_A-P_A,\ R_B$
提出不合理利益补偿方案（$1-y$）	$R_A,\ R_B-P_B$	$R_A-P_A,\ R_B-P_B$

3) 双方复制动态方程的构建

冲突双方的收益都会受到对方的影响,例如,承包商 A 在要价合理的情况下的收益,取决于承包商 B 的选择,此时承包商 A 的收益为 R_A+r,但是要考虑到承包商 B 这个群体并不是所有人都选择同意和解,承包商 B 群体中选择同意和解的群体比例仅为 y,因此此时要将同意和解的人员比例,即同意和解的概率考虑进去,此时承包商 A 的收益应为 $y(R_A+r)$;此外,承包商 B

提出不合理利益补偿方案时,承包商 A 仍然有收益,可能为 R_A,加上承包商 B 的群里中仍有 $1-y$ 比例的人群选择提出不合理利益补偿方案,该条件下收益应该为 $(1-y)R_A$。则承包商 A 在同意和解情况下的收益为 $y(R_A+r)+(1-y)R_A$。 通过以上分析过程,可分别求出双方在不同选择下的复制动态方程。

(1) 承包商 A 的复制动态方程

根据表 5.3 中的收益矩阵,可计算得到承包方 A 要价合理时的期望收益 E_{p1} 和要价不合理的期望收益 E_{p2},分别为

$$E_{p1} = y(R_A+r)+(1-y)R_A = yr+R_A \tag{5.31}$$

$$E_{p2} = y(R_A-P_A)+(1-y)(R_A-P_A) = R_A-P_A \tag{5.32}$$

可得承包商 A 的复制动态方程为

$$F(x) = \frac{\mathrm{d}x}{\mathrm{d}t} = x(1-x)(E_{p1}-E_{p2}) = x(1-x)(yr+P_A) \tag{5.33}$$

(2) 承包商 B 的复制动态方程

同理可计算得到承包商 B 同意合理补偿方案时的期望收益 E_{q1} 和提出不合理补偿方案的期望收益 E_{q2},分别为

$$E_{q1} = x(R_B-r)+(1-x)R_B = R_B-xr \tag{5.34}$$

$$E_{q2} = x(R_B-P_B)+(1-x)(R_B-P_B) = R_B-P_B \tag{5.35}$$

可得承包商 B 的复制动态方程为

$$F(y) = \frac{\mathrm{d}y}{\mathrm{d}t} = y(1-y)(E_{q1}-E_{q2}) = y(1-y)(P_B-xr) \tag{5.36}$$

4) 演化博弈均衡点求解

为求得演化博弈的均衡点,令

$$F(x) = F(y) = 0 \tag{5.37}$$

令 $F(x) = 0$ 可以得到

$$F(x) = x(1-x)(yr+P_A) = 0 \tag{5.38}$$

通过该式可求得 $x=0,x=1,y=\dfrac{-P_{A}}{r}$，满足 $0 \leqslant x \leqslant 1$。

同理，令 $F(y)=0$，可以得到

$$F(y)=y(1-y)(P_{B}-xr)=0 \tag{5.39}$$

通过该式可求得 $y=0,y=1,x=\dfrac{P_{B}}{r}$，满足 $0 \leqslant y \leqslant 1$。

通过以上求解过程得到系统的五个均衡点分别为 $(0,0),(0,1),(1,0)$，$(1,1),(x^{*},y^{*})$，其中

$$x^{*}=\frac{P_{B}}{r}，需满足 0 \leqslant x^{*} \leqslant 1$$

$$y^{*}=\frac{-P_{A}}{r}，需满足 0 \leqslant y^{*} \leqslant 1$$

由于 r，P_{A} 均大于零，$y^{*}=\dfrac{-P_{A}}{r}<0$，不满足 $0 \leqslant y^{*} \leqslant 1$ 的前提条件，因此均衡点 (x^{*},y^{*}) 舍去，最终得到四个均衡点分别为 $(0,0),(0,1),(1,0),(1,1)$。

5）雅可比矩阵的求解

根据演化均衡理论，微分方程描绘的群体动态系统，其均衡点的稳定性可由根据该系统推出的雅可比矩阵的局部稳定性分析进行判断，即可以通过求出相应的雅可比矩阵 $\boldsymbol{J}$ 的行列式 $\det \boldsymbol{J}$ 和迹 $\operatorname{tr} \boldsymbol{J}$ 的值判定，并且当且仅当 $\det \boldsymbol{J}>0$，$\operatorname{tr} \boldsymbol{J}<0$ 时，均衡点才具有稳定性。

根据 $F(x)=x(1-x)(yr+P_{A})$，$F(y)=y(1-y)(P_{B}-xr)$ 可以求出雅可比矩阵

$$\boldsymbol{J}=\begin{bmatrix} \dfrac{\mathrm{d}F(x)}{\mathrm{d}x} & \dfrac{\mathrm{d}F(x)}{\mathrm{d}y} \\[2mm] \dfrac{\mathrm{d}F(y)}{\mathrm{d}x} & \dfrac{\mathrm{d}F(y)}{\mathrm{d}y} \end{bmatrix}=\begin{bmatrix} p_{11} & p_{12} \\[1mm] p_{21} & p_{22} \end{bmatrix} \tag{5.40}$$

式中，$p_{11}=(1-2x)(yr+P_{A})$，$p_{12}=r(1-x)$，$p_{21}=-ry(1-y)$，$p_{22}=(1-2y)(P_{B}-xr)$。将均衡点的数值代入可以分别求出均衡点 p_{11}，

p_{12}, p_{21}, p_{22} 的值, 如表 5.5 所示。

表 5.5　均衡点 p_{11}, p_{12}, p_{21}, p_{22} 的取值

均衡点	p_{11}	p_{12}	p_{21}	p_{22}
(0, 0)	P_A	0	0	P_B
(0, 1)	$r + P_A$	0	0	$-P_B$
(1, 0)	$-P_A$	0	0	$P_B - r$
(1, 1)	$(-r - P_A)$	0	0	$r - P_B$

矩阵 $\boldsymbol{J}$ 的行列式

$$\det \boldsymbol{J} = \begin{vmatrix} p_{11} & p_{12} \\ p_{21} & p_{22} \end{vmatrix} = p_{11} \times p_{22} - p_{12} \times p_{21} \tag{5.41}$$

矩阵 $\boldsymbol{J}$ 的迹

$$\text{tr}\,\boldsymbol{J} = p_{11} + p_{22} \tag{5.42}$$

利用表 5.5 中的值分别进行矩阵 $\boldsymbol{J}$ 的行列式和迹的运算, 结果如表 5.6 所示。

表 5.6　均衡点对应的雅可比矩阵行列式和迹的值

均衡点	雅可比行列式的值($\det \boldsymbol{J}$)	迹的值($\text{tr}\,\boldsymbol{J}$)
(0, 0)	$P_A P_B$	$P_A + P_B$
(0, 1)	$-P_B(r + P_A)$	$P_A - P_B + r$
(1, 0)	$-P_A(P_B - r)$	$P_B - P_A - r$
(1, 1)	$(P_B - r)(P_A + r)$	$-P_B - P_A$

表 5.6 中的四个均衡点(0,0), (0,1), (1,0), (1,1), 当某点在一定情况下满足 $\det \boldsymbol{J} > 0$, $\text{tr}\,\boldsymbol{J} < 0$ 时, 该点具有稳定性, 并称该均衡点为演化稳定点。下面分析不同情况下均衡点的稳定性。

6) 均衡点稳定性分析

可以看出博弈矩阵的支付变量取值不同, 雅可比行列式 ($\det \boldsymbol{J}$) 和矩阵

的迹($\text{tr}\boldsymbol{J}$)的正负符号可能不同。演化稳定性根据雅可比行列式($\det\boldsymbol{J}$)和矩阵的迹($\text{tr}\boldsymbol{J}$)的符号来判定。

当 $\det\boldsymbol{J}>0$ 且 $\text{tr}\boldsymbol{J}>0$ 时,称该均衡点为非稳定点;当 $\det\boldsymbol{J}>0$ 且 $\text{tr}\boldsymbol{J}=0$ 时,称该均衡点为涡旋(中心点);当 $\det\boldsymbol{J}>0$ 且 $\text{tr}\boldsymbol{J}<0$ 时,称该均衡点为演化稳定点(ESS);当 $\det\boldsymbol{J}<0$ 且无论 $\text{tr}\boldsymbol{J}$ 的符号为"+""0""−"或者不确定,称该均衡点为鞍点;当 $\det\boldsymbol{J}=0$ 且 $\text{tr}\boldsymbol{J}>0$ 时,称该均衡点为非稳定点;当 $\det\boldsymbol{J}=0$ 且 $\text{tr}\boldsymbol{J}\leqslant0$ 时,称该均衡点为鞍点。

由此可以构建如表 5.7 所示的均衡点类型判别表。参考该表就可以判断所有均衡点在支付变量不同取值下的稳定性情况。

表 5.7 均衡点类型判别表

均衡点	$\det\boldsymbol{J}$ 的符号	$\text{tr}\boldsymbol{J}$ 的符号	结论
E_1	+	+	非稳定点
E_2	+	0	涡旋(中心点)
E_3	+	−	演化稳定点
E_4	−	"+""0""−"或者不确定	鞍点
E_5	0	+	非稳定点
E_6	0	非正	鞍点

(1) 均衡点(0,0)的稳定性分析

对于点(0,0),即承包商 A 要价不合理,承包商 B 提出不合理利益补偿方案。若 $p_{11}<0$ 且 $p_{22}<0$,即 $P_A<0$,且 $P_B<0$ 时,此时 $\det\boldsymbol{J}=p_{11}\times p_{22}=P_AP_B>0$ 必然成立,且 $\text{tr}\boldsymbol{J}=p_{11}+p_{22}=P_A+P_B<0$ 也必然成立。但由于 P_A,P_B,r 都是大于 0 的,因此点(0,0)的 $p_{11}=P_A$ 和 $p_{22}=P_B$ 在任意条件下都是恒大于 0 的,且 $\det\boldsymbol{J}=P_AP_B$ 和 $\text{tr}\boldsymbol{J}=P_A+P_B$ 在任意条件下都是恒大于 0。均衡点(0,0)在任意情况下都无法成为演化稳定点,该均衡点为非稳定点。

如果没有一个决定性因素促使变量发生改变,那么双方的选择不会有任何质的改变,只会一直处于一种动态博弈的过程,无法达到一个稳定状态,因此点(0,0)无法成为演化稳定点。

(2) 均衡点(0,1)的稳定性分析

对于点(0,1),即承包商 A 要价不合理,承包商 B 同意合理利益补偿方案。若 $p_{11} < 0$ 且 $p_{22} < 0$，即 $(r + P_A) < 0$，且 $-P_B < 0$ 时，此时 $\det \boldsymbol{J} = p_{11} \times p_{22} = -P_B(r + P_A) > 0$ 必然成立，且 $\operatorname{tr} \boldsymbol{J} = p_{11} + p_{22} = r + P_A - P_B < 0$ 也必然成立。但由于 P_A，P_B，r 都是大于 0 的，因此点 $(0,1)$ 的 $p_{11} = r + P_A$ 在任意条件下都是大于 0 的，$p_{22} = -P_B$ 在任意条件下都是恒小于 0 的，无法满足成为演化稳定点的条件，点 $(0,1)$ 只能成为一个鞍点。

该情况和情况(1)类似，主要是因为没有决定性的因素让双方做出最终的选择，双方的选择也不会有任何质的改变，只会一直处于一种动态博弈的过程，永远无法达到一个稳定状态，因此点 $(0,1)$ 也无法成为演化稳定点。

(3) 均衡点 $(1,0)$ 的稳定性分析

对于点 $(1,0)$，即承包商 A 要价合理，承包商 B 提出不合理利益补偿方案。若 $p_{11} < 0$ 且 $p_{22} < 0$，即 $-P_A < 0$，且 $P_B - r < 0$ 时，此时 $\det \boldsymbol{J} = p_{11} \times p_{22} = -P_A(P_B - r) > 0$ 必然成立，且 $\operatorname{tr} \boldsymbol{J} = p_{11} + p_{22} = P_B - P_A - r < 0$ 也必然成立。因为 P_A 是恒大于 0 的，所以 $-P_A$ 恒小于 0，直接满足 $p_{11} < 0$ 的条件，此时决定 $\det \boldsymbol{J}$、$\operatorname{tr} \boldsymbol{J}$ 正负号的因素是 P_B 和 r 的大小关系。此时均衡点 $(1,0)$ 为鞍点。

对于点 $(1,0)$，因为承包商 B 同意合理利益补偿方案时的收益为 $(R_B - r)$，提出不合理利益补偿方案时的收益为 $(R_B - P_B)$，只要 r 过高达到超越 P_B 的水平，$(R_B - r)$ 就会小于 $(R_B - P_B)$，收益相较而言就能够让承包商 B 选择提出不合理利益补偿方案而获得较大收益 $(R_B - P_B)$；对于承包商 A 而言，$(R_A + r)$ 恒大于 R_A，显然选择要价合理策略会获得较大收益 $(R_A + r)$。此时均衡点 $(1,0)$ 达到稳定，成为演化稳定点。

(4) 均衡点 $(1, 1)$ 的稳定性分析

对于点 $(1, 1)$，即承包商 A 要价合理，承包商 B 同意合理利益补偿方案。若 $p_{11} < 0$ 且 $p_{22} < 0$，即 $-r - P_A < 0$，且 $r - P_B < 0$ 时，此时 $\det \boldsymbol{J} = p_{11} \times p_{22} = (-r - P_A)(r - P_B) > 0$ 必然成立，且 $\operatorname{tr} \boldsymbol{J} = p_{11} + p_{22} = -P_B - P_A < 0$ 也必然成立。因为 $(-r - P_A)$ 恒小于 0，直接满足 $p_{11} < 0$ 的条件，此时决定 $\det \boldsymbol{J}$、$\operatorname{tr} \boldsymbol{J}$ 正负号的因素是 P_B 和 r 的大小关系。当 $P_B > r$ 时，$p_{22} < 0$ 是恒成立的，$(1,1)$ 为稳定点。

对于点 $(1,1)$，承包商 B 的情况恰好和情况(3) 相反，同意和解时的收益

为(R_B-r)，不同意和解时的收益为(R_B-P_B)，只要P_B过高达到超越r的水平，(R_B-r)就会大于(R_B-P_B)，收益相较而言就能够让承包商 B 选择同意和解而获得较大收益(R_B-r)；对于承包商 A 而言，同样(R_A+r)恒大于R_A，显然选择同意和解会获得较大收益(R_A+r)。此时均衡点$(1,1)$达到稳定，成为演化稳定点。

综上所述，四个均衡点的稳定性如表 5.8 所示。

表 5.8 四个均衡点的 ESS 分析

均衡点	P_{11}	P_{12}	det $\boldsymbol{J}$	tr $\boldsymbol{J}$	稳定性
$(0,0)$	$P_A>0$	$P_B>0$	$+$	$+$	非稳定点
$(0,1)$	$r+P_A>0$	$-P_B<0$	$-$	不确定	鞍点
$(1,0)$	$-P_A<0$	$P_B-r>0$	$-$	不确定	鞍点（有条件 ESS）
$(1,1)$	$-r-P_A<0$	$r-P_B<0$	$+$	$-$	稳定点（有条件 ESS）

通过以上分析，得出了各均衡点成为局部稳定点的条件，如表 5.9 所示。通过该表，可以在均衡点成为局部稳定点的范围内，加以赋值用于演化仿真。

表 5.9 均衡点成为局部稳定点的条件

均衡点	条件
$(0,0)$	无
$(0,1)$	无
$(1,0)$	$P_B<r$
$(1,1)$	$P_B>r$

由以上分析可知，无论是均衡点还是稳定性，都与P_A、P_B有关。因此，发包方与两个承包商之间的关系将影响均衡点及其稳定性，在此不再做深入讨论。

7) 数值仿真

(1) $P_B<r$

当满足条件$P_B<r$时，将变量赋值：$P_A=1$，$P_B=1$，$r=2$，仿真结果

如图 5.8 所示。图 5.8 为在不同初始值 (x_0, y_0) 下稳定点 $(1, 0)$ 的 x-y 演化路径图。由于 x、y 的初始值分别取自向量 $(0, 0.1, 0.2, 0.3, 0.4, 0.5, 0.6, 0.7, 0.8, 0.9, 1)$，因此博弈系统状态初始值 (x_0, y_0) 位于网格的格点上，可以观察某个初始值，以及博弈系统的演化路径。首先找到该初始值 (x_0, y_0) 对应的网格格点，然后就有唯一一条以该格点为起始点的线条，即为该初始值对应的演化路径，路径的长度代表了趋于稳定所需的时间。

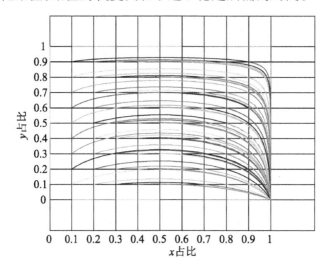

图 5.8　$P_B < r$ 时的仿真结果（x-y 图像）

分析图 5.8，对所有初始值 (x_0, y_0)，不论其取何值，经过一段时间的演化都最终收敛到 $(1, 0)$，即承包商 A 要价合理、承包商 B 提出不合理利益补偿方案。说明在 $P_B < r$ 这一条件下，无论承包商 A 和承包商 B 的初始值 x_0 和 y_0 为何值，即双方同意和解的概率如何，都会向着承包商 A 要价合理、承包商 B 提出不合理利益补偿方案演化。此结果也正好和情况（3）中对均衡点 $(1, 0)$ 达到稳定性的分析一致。这是由于对承包商 A 而言，要价不合理的收益会明显小于要价合理的收益，而承包商 B 同意合理利益补偿方案的收益小于提出不合理利益补偿方案的收益，承包商 A 和承包商 B 为了追求自身利益最大化，获得较多的自身收益，会选择自己的最优策略，经过反复博弈，最终达到"承包商 A 要价合理，承包商 B 提出不合理利益补偿方案"的均衡。如图 5.9 所示是将图像横轴作为时间轴，得出随时间变化 x，y 的演化路径图。

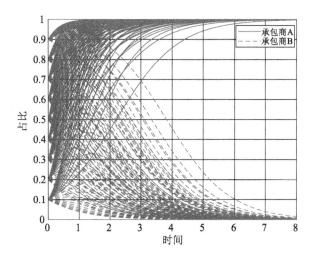

图 5.9 $P_B < r$ 时的仿真结果($t\text{-}x,y$ 图像)

图 5.9 为在不同初始值 (x_0,y_0) 下达到稳定点$(1,0)$的 $t\text{-}x,y$ 演化路径图。由于 x、y 的初始值分别取自向量$(0,0.1,0.2,0.3,0.4,0.5,0.6,0.7,0.8,0.9,1)$,因此博弈系统状态初始值 x_0 和 y_0 分别位于如图 5.9 中纵轴的点上,首先找到该初始值 x_0 和 y_0 对应的纵轴上的点,然后就有唯一一条以该格点为起始点的线条,即为该初始值对应的演化路径,实线对应承包商 A 不同初始值 x_0 下的演化路径,虚线对应承包商 B 不同初始值 y_0 下的演化路径。

显然代表承包商 A 要价合理概率 x 的实线,无论初始值 x_0 取何值,随着时间的推移,所有初始值经过一段时间的演化最终都趋于 1,由图像也可以清楚看到,从纵轴上各个点出来的实线最终都趋于 1 且稳定;此外,代表承包商 B 同意合理利益补偿方案的概率 y 的虚段,不论 y_0 取何值,随着时间的推移,所有初始值经过一段时间的演化最终都收敛到 0,从纵轴上各个点出来的虚段最终都趋于 0 且稳定。也就是说,在 $P_A < r$ 这一条件下,无论承包商 A 的初始值 x_0 为何值都会向着承包商 A 要价合理的方向演化;承包商 B 的初始值 y_0 为何值都会向着承包商 B 提出不合理利益补偿方案的方向演化。

(2)$P_B > r$

在该条件下,演化过程与上述条件一致,不再描述博弈的演化机理,只对仿真结果进行分析。当满足条件 $P_B > r$ 时,将变量赋值为 $P_A = 1$,$P_B = 2$,$r = 1$,仿真结果如图 5.10 所示。

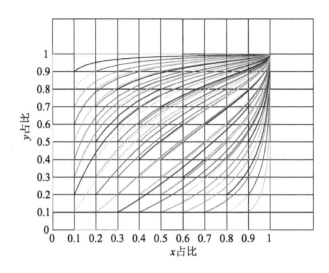

图 5.10 $P_B > r$ 时的仿真结果（x-y 图像）

分析图 5.10，显然对所有初始值 (x_0, y_0)，不论其取何值，经过一段时间的演化最终都收敛到 $(1, 1)$，即承包商 A 要价合理、承包商 B 同意合理利益补偿方案。也就是说，在 $P_B > r$ 这一条件下，无论承包商 A 和承包商 B 的初始值 (x_0, y_0) 为何值，即双方同意和解的概率如何，都会向着承包商 A 要价合理、承包商 B 同意合理利益补偿方案的方向演化。此结果也正好和情况（4）中对均衡点 $(1, 1)$ 达到稳定性的分析一致。这是由于对双方来说同意和解的收益大于不同意和解的收益，为了获得更多的自身收益，都会选择同意和解，经过反复博弈，最终出现双方都同意和解的结果。

如图 5.11 所示，代表承包商 A 同意和解概率 x 的实线，无论初始值 x_0 取何值，随着时间的推移，所有初始值经过一段时间的演化最终趋于 1，由图像也可以清楚看到，从纵轴上各个点出来的实线最终都趋于 1 且稳定；此外，代表承包商 B 同意和解概率 y 的虚线段，不论 y_0 取何值，随着时间的推移，所有初始值经过一段时间的演化最终都收敛到 1，从纵轴上各个点出来的虚线段最终都趋于 1 且稳定。也就是说，在 $P_B > r$ 这一条件下，无论承包商 A 的初始值 x_0 为何值都会向着承包商 A 要价合理的方向演化；承包商 B 的初始值 y_0 为何值都会向着承包商 B 同意合理利益补偿方案的方向演化。

根据仿真结果，从演化路径中明显可以看出，初始点 (x_0, y_0) 的不同取

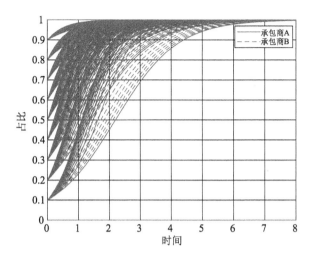

图 5.11　$P_B > r$ 时的仿真结果(t-x,y 图像)

值,趋于稳定所需要的时间并不相同。此外,P_A,P_B,r 取值的不同,也会对演化过程产生影响,因此下文将分别讨论不同取值对仿真结果的影响,即进行灵敏度分析。

8)灵敏度分析

为了控制变量,在进行 P_A,P_B,r 的灵敏度分析时,需要固定其他值,如在进行 P_A 的灵敏度分析时,首先要控制 P_B,r 以及初始值(x_0,y_0)为某一定值,然后将 P_A 分别取一组不同值来分析 P_A 的变化对于双方同意和解的灵敏度。

(1)初始值 x_0 和 y_0 的灵敏度分析

通过以上仿真结果,在 x-y 图像中(图5.8、图5.10),可以明显看出,初始值(x_0,y_0)不同,演化路径的长度也不同,这说明了从不同初始点出发,最终趋于稳定所需的时间不相同。其中,初始点(x_0,y_0)的值越接近稳定点的值,那么演化路径就会越短,趋于稳定所需的时间也越短。

在 t-x,y 图像中(图5.9、图5.11),根据 x,y 的演化路径再结合时间横轴,可以明显看出,初始值 x_0 和 y_0 从纵轴上的不同点出发,趋于稳定需要的时间不同。如图5.11所示,初始值为0.9的演化路径不到2个单位时间就趋于稳定值1,而初始值为0.1的演化路径近8个单位时间才趋于稳定。由此可以大致推断出,初始值(x_0,y_0)的取值越接近稳定点的值,趋于稳定所需要的时间就越短。当然通过观察可能存在误差,因此下文将继续通过 MATLAB 仿真对初始值(x_0,y_0)的灵敏度进行分析。

首先将初始值(x_0,y_0)以外的变量P_A,P_B,r固定一个值。当$P_B<r$,即$P_A=1$,$P_B=1$,$r=2$时,通过 MATLAB 仿真得到图 5.12。随着时间的推移,(x_0,y_0)的演化路径分别趋于 1 和 0 稳定。

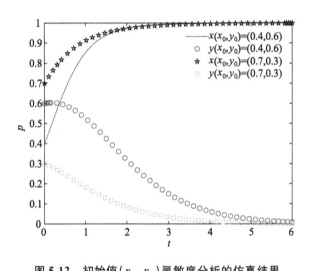

图 5.12　初始值(x_0,y_0)灵敏度分析的仿真结果

显然初始值越靠近稳定值,趋于稳定的速度就越快,从另一角度也说明初始群体中选择某一方案的人群比例对稳定所需的时间有较大影响。此外,在图 5.12 中初始值$y_0=0.6$,即承包商 B 群体中初始时有 60%的人的意向是同意合理利益补偿方案的情况下,当博弈刚开始时,由于同意和解的人数占大多数,因此承包商 B 的决策向着同意合理利益补偿方案的方向演化,但由于同意合理利益补偿方案的收益低于提出不合理补偿利益方案,多次博弈后,群体中的个体纷纷改变策略,最终全部都选择提出不合理利益补偿方案的策略并趋于稳定,达到稳定值 0。仿真结果也与演化博弈理论中情况所一致。

(2)P_A值的灵敏度分析

在进行P_A的灵敏度分析时,要将P_B,r分别固定为某一定值,然后将P_A

分别取一组不同值来分析 P_A 的变化对于双方同意和解概率的灵敏度。由于 P_A，P_B，r 的取值范围为 $(0, +\infty)$，当 $P_B < r$ 时，$P_B = 1$，$r = 2$，P_A 分别取 1，2，10。系统初始值 (x_0, y_0) 取 $(0.7, 0.3)$，通过 MATLAB 仿真后得到图 5.13。

图 5.13 中的虚线 x 由细到粗分别对应 $P_A = 1$，$P_A = 2$，$P_A = 10$ 时承包商 A 要价合理的演化情况，实线 y 由细到粗分别对应 $P_A = 1$，$P_A = 2$，$P_A = 10$ 时承包商 B 同意合理利益补偿方案的演化情况，横轴是演化时间，纵轴对应承包商 A 或承包商 B 同意和解的概率。

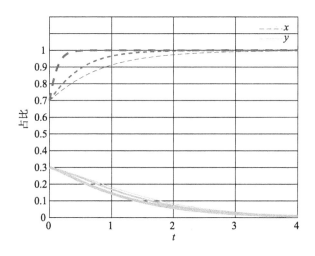

图 5.13　P_A 值灵敏度分析的仿真结果

如图 5.13 所示是研究双方同意和解概率的演化关于 P_A 的灵敏度图。显然，P_A 值的增加使得承包商 A 不同意和解的损失增大，因此承包商 A 要价合理的概率演化路径则更快地收敛于 1，即 P_A 值的增加会促进冲突时承包商 A 要价合理的概率增大；随着 P_A 值的增大，承包商 B 同意合理利益补偿方案的概率更快地收敛于 0。

（3）P_B 值的灵敏度分析

在进行 P_B 的灵敏度分析时，要将 P_A，r 分别固定为某一定值，然后将 P_B 分别取一组不同值来分析 P_B 的变化对于双方同意和解概率的灵敏度。由于 P_A，P_B，r 的取值范围是 $(0, +\infty)$，因此这里设 $P_A = 1$，$r = 2$，P_B 分别取 0. 2，1，4。系统初始值 (x_0, y_0) 取 $(0.7, 0.3)$，通过 MATLAB 仿真后得到

图 5.14。图 5.14 中的线由细到粗对应着 P_B 值的增大,虚线 x 对应的是承包商 A 要价合理概率的演化情况,实线 y 对应的是承包商 B 同意合理利益补偿方案概率的演化情况。

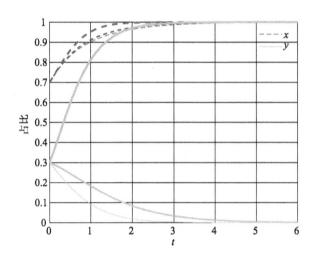

图 5.14　P_B 值灵敏度分析的仿真结果

　　如图 5.14 所示是研究双方通同意和解概率的演化关于 P_B 的灵敏度图。显然 P_B 值的增加使得承包商 A 的损失增大,承包商 A 要价合理的概率更快地收敛于 1,即演化路径更快地收敛于"承包商 A 要价合理",说明 P_B 值的增加会促进冲突时承包商 A 要价合理的概率增大。此外,P_B 值对于承包商 B 同意合理利益补偿方案概率也有影响,显然 P_B 值的增大,使得承包商 B 提出不合理利益补偿方案的损失变大,承包商 B 同意合理利益补偿方案的概率更慢地收敛于 0,并且 P_B 值的增大超过临界值,即 $P_B > r$ 时,巨大的损失迫使承包商 B 选择同意合理利益补偿方案,导致承包商 B 的演化路径收敛于 1。

　　(4) r 值的灵敏度分析

　　这里设 $P_A = 1$,$P_B = 2$,r 分别取 0.1,0.5,3。系统初始值 (x_0,y_0) 取 $(0.7,0.3)$,通过 MATLAB 仿真后得到图 5.15。图 5.15 中的线由细到粗对应着 r 值的增大,虚线 x 对应的是承包商 A 要价合理的概率演化情况,实线 y 对应的是承包商 B 同意合理利益补偿方案的概率演化情况。

　　显然 r 值的增加使得承包商 A 的损失增大,承包商 A 要价合理的概率更快地收敛于 1,即演化路径更快地收敛于"承包商 A 要价合理",这说明 r 值的

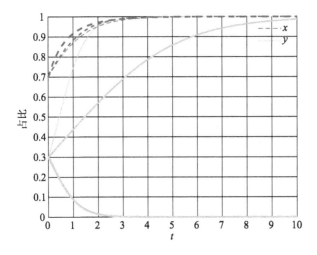

图 5.15　r 值灵敏度分析的仿真结果

增加会促进冲突时承包商 A 要价合理的概率增大。此外, r 值对于承包商 B 同意合理利益补偿方案的概率也存在较大影响,显然 r 值的增大,使得承包商 B 同意合理利益补偿方案的损失变大,承包商 B 同意合理利益补偿方案的概率更慢地收敛于 1,并且当 r 值的增大超过临界值,即 $r > P_B$ 时,巨大的损失迫使承包商 B 选择提出不合理利益补偿方案,导致承包商 B 的演化路径收敛于 0。

9) 讨论与建议

(1) 对于其他方面类似的双方冲突问题,均可以采用演化博弈的方法,首先建立冲突双方的博弈模型,包括收益矩阵、复制动态方程;其次利用复制动态方程求解演化均衡点,利用求导再求解每个均衡点的雅可比矩阵;最后便可以求得均衡点的稳定性条件,对参与方对策选择具有参考意义。

(2) 通过数值模拟可知,若案例中影响博弈的相关变量已经确定,则参与方可以推测博弈的演化结果,同时在变量还未确定时也可以对影响博弈的相关变量进行控制,使得博弈向着参与方需要的方向演化。发包商(参与方)想要"承包商 A 要价合理,承包商 B 同意合理利益补偿方案",即使得均衡点 (1, 1)达到稳定,便可以调整对二者的罚款 P 值,使得 $P_B > r$,那么博弈将会稳定在(1, 1)点,即冲突双方均同意和解。同样其他参与方如承包商为了自身更大收益也可以通过控制变量改变演化博弈的结果。

（3）仅仅针对模型分析而言，若均衡点在任意条件下均无法稳定，以本书所描述的冲突案例为例，经分析"承包商 A 要价不合理，承包商 B 提出不合理利益补偿方案"的结果无法实现，即均衡点(0，0)在任意条件下都无法达到稳定，那么参与方可以通过调整博弈相关变量的方法，如 r，P_B，P_A 等，或者增加或减少影响博弈的相关变量，再重新构建博弈模型，进行更进一步的演化，求解并分析均衡点直至有稳定性条件为止，再根据稳定性条件分析演化博弈的结果。

（4）从演化达到均衡的时间尺度看，参与方可以通过相关变量灵敏度分析，调整相关变量以加速或者减缓演化博弈达到稳定的时间；相反，也可以根据初始相关变量的数值，推测演化博弈达到稳定的时间。

二、冲突他人管理演化博弈分析

以第三节冲突他人管理背景模型为例，分析他人管理演化博弈过程。

1）三方演化博弈收益矩阵的构建

若承包商 A 要价合理为 K_1，不合理为 K_2；承包商 B 同意合理利益补偿方案为 M_1，提出不合理利益补偿方案为 M_2，发包方调解成功为 N_1，发包方调解失败为 N_2。三方不同策略组合下的收益矩阵如表 5.10 所示。

表 5.10　三方不同策略组合下的收益矩阵

策略组合	承包商 A 的收益	承包商 B 的收益	发包商的收益
K_1,M_1,N_1	$R_A^0 + r$	$R_B^0 - r$	R_C^0
K_1,M_1,N_2	$R_A^0 + r$	$R_B^0 - r$	R_C^0
K_1,M_2,N_1	$R_A^0 + r$	$R_B^0 - r + \eta_B s$	$R_C^0 + t - s_c$
K_1,M_2,N_2	R_A^0	$R_B^0 - P_B$	$R_C^0 + P_B - s_f - e$
K_2,M_1,N_1	$R_A^0 + r' + \eta_A s$	$R_B^0 - r'$	$R_C^0 + t - s_c$
K_2,M_1,N_2	$R_A^0 - P_A$	R_B^0	$R_C^0 + P_A - s_f - e$
K_2,M_2,N_1	$R_A^0 + r' + \eta_A s$	$R_B^0 - r' + \eta_B s$	$R_C^0 + t - s_c$
K_2,M_2,N_2	$R_A^0 - P_A$	$R_B^0 - P_B$	$R_C^0 + P_A + P_B - s_f - e$

2) 复制动态方程的构建

(1) 承包商 A 的复制动态方程

根据表 5.10 中的收益矩阵,可计算得到承包商 A 要价合理时的期望收益 V_{11}(包括承包商 B 同意合理利益补偿方案和提出不合理利益补偿方案、发包商调解成功和调解失败,排列组合得四种情况),承包商 A 要价不合理的期望收益 V_{12},同上分为四种情况。V_1 为总收益,即承包商 A 要价合理和要价不合理两种情况都包含的收益,分别为

$$V_{11} = (R_A^0 + r)yz + (R_A^0 + r)y(1-z) + (R_A^0 + r)(1-y)z + R_A^0(1-y)(1-z) \tag{5.43}$$

$$V_{12} = (R_A^0 + r' + \eta_A s)yz + (R_A^0 - P_A)y(1-z) + (R_A^0 + r' + \eta_A s)(1-y)z + (R_A^0 - P_A)(1-y)(1-z) \tag{5.44}$$

则

$$V_1 = xV_{11} + (1-x)V_{12} = R_A^0 - P_A + P_A x + P_A z + r'z + \eta_A sz - P_A xz + rxy + rxz - r'xz - \eta_A sxz - rxyz \tag{5.45}$$

承包方 A 的复制动态方程为

$$F(x) = \frac{dx}{dt} = x(1-x)(V_{11} - V_{12})$$
$$= x(x-1)(P_A z - P_A - ry - rz + r'z + \eta_A sz + ryz) \tag{5.46}$$

(2) 承包商 B 的复制动态方程

同理可计算得到承包商 B 同意和解时的期望收益 V_{21} 和不同意和解时的期望收益 V_{22},V_2 为总收益。

$$V_{21} = R_B^0(1-x)(1-z) + z(R_B^0 - r')(1-x) + x(R_B^0 - r)(z-1) + xz(R_B^0 - r) \tag{5.47}$$

$$V_{22} = x(P_B - R_B^0)(1-z) + z(1-x)(R_B^0 - r' + \eta_B s) + (R_B^0 - P_B)(1-x)(1-z) + xz(R_B^0 - r' + \eta_B s) \tag{5.48}$$

$$V_2 = yV_{21} + (1-y)V_{22} = R_B^0 - P_B + P_B y + P_B z - r'z$$
$$+ \eta_A sz - P_B yz - rxy - rxz + r'xz - \eta_B syz + rxyz \quad (5.49)$$

承包方 B 的复制动态方程为

$$F(y) = \frac{dy}{dt} = y(1-y)(V_{21} - V_{22})$$
$$= y(y-1)(P_B z - P_B + rx + \eta_B sz - ryz) \quad (5.50)$$

(3) 发包方 C 的复制动态方程

发包方 C 调解成功时的期望收益 V_{31}、调解失败时的期望收益 V_{32} 及总收益 V_3。V_3 的计算公式如下：

$$V_{31} = (x-1)(y-1)(R_C^0 - s_c + t) + R_C^0 xy - x(y-1)(R_C^0 - s_c + t) \quad (5.51)$$

$$V_{32} = R_C^0 xy - x(y-1)(P_B + R_C^0 - e - s_f) - y(x-1)(P_A + R_C^0 - e - s_f) + $$
$$(x-1)(y-1)(P_A + P_B + R_C^0 - e - s_f) \quad (5.52)$$

$$V_3 = zV_{31} + (1-z)V_{32} = z[(x-1)(y-1)(R_C^0 - s_c + t) + $$
$$R_C^0 xy - x(y-1)(R_C^0 - s_c + t) - y(x-1)(R_C^0 - s_c + t)] + $$
$$(z-1)y(x-1)(P_A R_C^0 - e - s_f) + x(y-1)(P_B + R_C^0 - e - s_f) - R_C^0 \quad (5.53)$$

发包方 C 的复制动态方程为

$$F(z) = \frac{dz}{dt} = z(1-z)(V_{31} - V_{32})$$
$$= z(z-1)(P_A + P_B - e + s_c - s_f - t - P_A x$$
$$- P_A y - exy + s_c xy + s_f xy + txy) \quad (5.54)$$

3) 均衡点的求解

令

$$F(x) = F(y) = F(z) = 0 \quad (5.55)$$

则求得 15 个均衡点,若满足

154

$$P_A + P_B > e + s_f + t - s_c \tag{5.56}$$

$$P_A < e - s_c + s_f + t \tag{5.57}$$

$$P_B > r \tag{5.58}$$

$$r' + \eta_A s > r \tag{5.59}$$

则所得的 11 个均衡点如表 5.11 所示。

表 5.11 三方演化博弈部分均衡点

均衡点编号	x	y	z
Q_1	0	$\dfrac{P_A + P_B - e + s_c - s_f - t}{P_B}$	$\dfrac{P_B}{P_B + \eta_B s}$
Q_2	0	0	0
Q_3	0	1	0
Q_4	0	0	1
Q_5	0	1	1
Q_6	1	1	$\dfrac{P_B - r}{P_B - r + \eta_B s}$
Q_7	1	0	0
Q_8	1	1	0
Q_9	1	0	0
Q_{10}	1	1	1
Q_{11}	1	1	$\dfrac{P_A + r}{P_A + r' + \eta_A s}$

其余 4 个经验算属于条件苛刻的有条件均衡,不具备普遍意义,不再列出。

4）雅可比矩阵求解

由复制动态方程可以求得雅可比矩阵。代入各均衡点 x, y, z 的对应值,求得各均衡点的特征值,三个特征值都小于 0 时,均衡点稳定。即均衡点的稳定条件为参数之间的大小关系能够满足三个特征值均小于零。

$$J = \begin{bmatrix} \dfrac{\mathrm{d}F(x)}{\mathrm{d}x} & \dfrac{\mathrm{d}F(x)}{\mathrm{d}y} & \dfrac{\mathrm{d}F(x)}{\mathrm{d}z} \\[2mm] \dfrac{\mathrm{d}F(y)}{\mathrm{d}x} & \dfrac{\mathrm{d}F(y)}{\mathrm{d}y} & \dfrac{\mathrm{d}F(y)}{\mathrm{d}z} \\[2mm] \dfrac{\mathrm{d}F(z)}{\mathrm{d}x} & \dfrac{\mathrm{d}F(z)}{\mathrm{d}y} & \dfrac{\mathrm{d}F(z)}{\mathrm{d}z} \end{bmatrix} = \begin{bmatrix} p_{11} & p_{12} & p_{13} \\ p_{21} & p_{22} & p_{23} \\ p_{31} & p_{32} & p_{33} \end{bmatrix} \tag{5.60}$$

各个均衡点对应的特征值如表 5.12~5.14 所示。

表 5.12 各个均衡点对应的特征值 1

均衡点	特征值 1
Q_1	$\dfrac{P_B^2 r - P_B^2 r' - \eta_A P_B^2 s + \eta_B rss_c - \eta_B rss_f - \eta_B rst + \eta_B P_A P_B s + \eta_B P_A rs + \eta_B P_B rs - \eta_B ers}{P_B^2 + \eta_B P_B s}$
Q_2	P_A
Q_3	$P_A + r$
Q_4	$-\eta_B s$
Q_5	$\eta_B s$
Q_6	0
Q_7	$P_B - r$
Q_8	0
Q_9	$-\eta_B s$
Q_{10}	$-\eta_B s$
Q_{11}	0

表 5.13 各个均衡点对应的特征值 2

均衡点	特征值 2
Q_1	$\dfrac{-\eta_B s(P_B+\eta_B s)(e-P_A-s_c+s_f+t)(P_A+P_B-e+s_c-s_f-t)^+}{P_B+\eta_B s}$
Q_2	P_B
Q_3	$-P_B$
Q_4	$r-r'-\eta_A s$
Q_5	$r-r'-\eta_A s$
Q_6	0
Q_7	$-P_A$
Q_8	$r-P_B$
Q_9	$r'-r+\eta_A s$
Q_{10}	$-\eta_B s$
Q_{11}	0

表 5.14 各个均衡点对应的特征值 3

均衡点	特征值 3
Q_1	$\dfrac{-\eta_B s(P_B+\eta_B s)(e-P_A-s_c+s_f+t)(P_A+P_B-e+s_c-s_f-t)^+}{P_B+\eta_B s}$
Q_2	$(e-P_B-P_A-s_c+s_f+t)$
Q_3	$(e-P_A-s_c+s_f+t)$
Q_4	$(P_A+P_B-e+s_c-s_f-t)$
Q_5	$(P_A-e+s_c+s_f-t)$
Q_6	$\dfrac{-(P_B r-P_B r'+rr'-r^2-\eta_A P_B s+\eta_B P_A s+\eta_A rs+\eta_B rs)}{P_B+\eta_B s}$
Q_7	$(e-P_B-s_c+s_f+t)$
Q_8	P_A-r

均衡点	特征值 3
Q_9	$(P_B - e + s_c - s_f - t)$
Q_{10}	$r' - r + \eta_A s$
Q_{11}	$\dfrac{(P_B r - P_B r' + rr' - r^2 - \eta_A P_B s + \eta_B P_A s + \eta_A rs + \eta_B rs)}{P_B + r' + \eta_A s}$

由表 5.12～5.14 可知,均衡点的特征值较为复杂,满足稳定条件苛刻,不再做讨论。

5) 讨论与建议

(1) 发包方的介入使问题变得复杂。一方面发包方是"被迫"加入冲突双方调解。如果任其双方僵持,听之任之,发包方将面临损失持续扩大的风险。发包方加入的初衷是化解冲突,利用自身的资源优势补偿当事方,但如何补偿、补偿多少是一项重要的课题。补偿过多,不仅使自己承担较大的损失,而且还容易助长被补贴方的"索要"惯性,不利于后续的项目管理。

(2) 对冲突当事方而言,难以从对方寻求补偿的可能性,转向发包方是另一条可行的途径。冲突双方都与发包方签订合同,发包方有协调管理的义务。从宏观的角度看,之所以双方会发生冲突,根本原因在于合同的不完备性,发包方应承担起自己应尽的义务,履行自己的职责。

(3) 三方模型的参数较多,不利于后续数值仿真。参数过多使得演化模型变得复杂,数值仿真时须定义较多参数,尤其是灵敏度分析,面对过多变量,参数灵敏度分析的实际意义有待商榷。此外,模型中引入了发包方补贴和处罚两种手段,现实中还有书面或者口头承诺、奖励等手段可用于冲突协调。在后续的研究中可以做深入的讨论。

本 章 小 结

本章以施工阶段冲突为例,以混合策略纳什均衡理论和演化博弈理论为基础,研究了冲突当事人和第三方的行为取向。主要完成了以下工作:

(1) 以冲突自我管理两方主体为研究对象,采用混合策略纳什均衡理论研究两方主体的行为取向。混合策略以决策行为的概率为主要特征,博弈双方以估计对方决策行为概率为主要内容,从而决定自己的行为取向。

(2) 以冲突他人管理三方主体为研究对象,采用混合策略纳什均衡理论研究三方主体的行为取向。所不同的是发包方介入后,收益矩阵变量更多,三方对彼此的行为概率估计难度更大。

(3) 建立了从冲突自我管理到他人管理的演化路径。冲突他人管理的前提是自我管理无法解决。除双方都同意和解的情形外,其他几种情形之一是冲突他人管理的必要条件。

(4) 冲突自我管理和他人管理的演化博弈分析与混合策略纳什均衡分析有较大不同。前者的行为决策是种群行为不断演化的结果,后者仅仅是单个个体的行为。

第六章

面向项目绩效改善的
冲突管理研究

冲突管理的最终目标是为了尽可能地改善项目绩效。冲突发生后，项目绩效受到负面影响，如何尽量较少项目损失，甚至提升项目绩效需要项目管理人员重点予以关注。然而冲突的外在表现形式千差万别，项目管理人员须提升对冲突的认知能力，这是高效管理冲突的基础。本章将深入研究基于项目绩效改善的冲突管理路径，以供读者参考。

第一节　面向项目绩效目标的冲突管理

一、工程项目绩效

项目质量是指项目在建设过程中的施工质量,一般包括过程质量和功能质量两方面。过程质量和功能质量均是管理目标。判断项目质量的指标有合格率和优良率两方面。合格率是下限指标,是项目质量的最低标准;优良率对项目质量提出了更高标准,优良率要求越高的项目,实现的难度越大,需要投入的资源也越多。

项目工期是指项目从开工到竣工总的持续时间,是项目管理的重要内容。项目工期是项目各方重点管理目标,若项目业主为了追求业绩,千方百计缩短工期,甚至有些业主不惜牺牲项目质量,违反法律法规和项目客观规律盲目缩短工期,则会对项目质量造成不良影响。

项目费用是指完成项目所花费的资金,通俗地说就是项目的造价。项目费用包括预算费用和实际费用,项目预算属于计划费用,通常是指合同造价;实际费用是项目竣工后,经核算整个项目实际花费的费用。若实际费用大于预算费用,则项目超支,用超支率表示;反之,项目节约了费用,用结余率表示。项目质量、工期和费用等绩效指标不是独立存在的,而是互相影响的,主要表现在以下几个方面:

(1) 项目质量要求越高,工期越长,成本也越高。

(2) 人为压缩工期,项目预期完成质量将越高,费用也越高,须增加赶工费用。

(3) 科技因素对质量、工期和费用影响甚大。一般而言,科技越先进,项目质量越高,工期越短。

项目安全不仅关乎个人的生命安全,同时还会威胁社会稳定。建设部门根据项目的具体情况,要求设置安全部门,并配备专职或兼职安全员。一些项目甚至规定安全目标无法实现时项目考核实行一票否决制。项目安全指标主要包括死伤人数、经济损失等内容。安全指标已经逐步上升到与质量、工期和费用等指标同等重要的位置。

此外,随着人们对项目冲突的重视,冲突协调与解决以及各方的满意度评价逐步纳入项目绩效范畴。冲突管理绩效不仅作为项目绩效的重要指标,同时也是衡量项目管理人员绩效的重要内容。冲突及冲突管理纳入项目绩效是顺应时代潮流的体现,项目绩效内涵将更加科学。

工程项目除了具备自身物理属性以外,还具备一定的社会属性,主要体现为经济性和社会性两个方面。项目在实施过程中的技术和管理创新在一些规模巨大、技术复杂的项目中表现得尤为明显,是项目绩效评价的重要方面,已开始进入人们的研究视野。

二、工程项目的短期绩效与最终绩效

根据项目进行的阶段不同,可以将绩效分为短期绩效和最终绩效。短期绩效是指项目经过一个较短的时间后的绩效评价,通常是指某一时间段内的绩效。短期绩效常常用于评价项目的阶段性绩效,可用于管理决策评价。最终绩效是指项目完工后,对项目做出最终评价,一般是时间终点节点上的绩效评价。短期绩效和最终绩效在项目管理中常常被使用,前者侧重于项目的控制与决策,后者则侧重于事后分析,两者评价功能有所不同。

项目绩效指标评价体系与评价时间区间有紧密联系。项目绩效评价时间区间可以是从项目开建以来到当前时刻为止的时间段;也可以是中间某一时间段,一般以年、旬、月为计量单位;项目绩效评价时刻一般是指最小计算绩效时间单位,一般以周、日的当前值为计量单位。时间区间绩效评价的计算结果通常是指从计算起始开始到时刻终止为止的各个时刻绩效评价累加的结果。项目各方关注的是项目的质量、工期和费用,在项目管理活动中,质量、工期和费用成为项目短期绩效和最终绩效评价最重要的内容。由于质量、工期和费用代表了项目绩效的不同方面,因此项目短期绩效与最终绩效的内涵有所不同。虽然项目短期评价和最终评价都属于时间区间评价,两者的区别在于时间区间的长短不同。短期绩效关注的是短期时间内的绩效变化情况,是项目管理的风向标;最终绩效的时间节点一般是项目结束的时刻节点,用于整个项目的评价,是项目总结的重要数据来源。无论是短期绩效还是最终绩效,均可满足项目评价的不同需求。

需要特别指出的是,项目的短期绩效与最终绩效都属于事后评价,即总结性评价,强调经验性。虽然总结性评价能用于指导后续的项目绩效管理工作,但是仅仅限于指导,并不能完全保证管理经验的可靠性。

三、冲突的消极功能对项目绩效的影响

除了少数冲突具备积极功能以外,其他绝大多数的冲突无论是对各方,还是对项目而言都是有害的。破坏性冲突的最大特点是离心作用,各方人心涣散,最为严重的是各方为了各自利益,忽视项目整体利益而互相对立,表现为不合作,互相打压,项目难以进行下去,项目绩效将受到严重影响。由于冲突的作用,一些项目的绩效指标大受影响,急剧下降,有些项目甚至因此崩盘。消极冲突相比较于积极冲突,具有以下特征:①破坏性大。消极冲突不同于积极冲突,它的破坏性不仅仅造成项目短暂骤停,更为重要的是它能迅速破坏团队的凝聚力,各方对彼此缺乏必要的信任,难以使尽全力建设项目。②难解性和非可控。由于消极冲突普遍存在难以协调管理的问题,因此有时仅仅依靠团队成员难以解决矛盾,非可控表现为冲突愈演愈烈,有升级恶化的趋势。③危害巨大并且持久。消极冲突除了对项目造成危害之外,还对团队成员关系的危害将不可逆转,彼此几乎没有继续合作的可能。消极冲突形成的影响在很长的一段时间内将一直存在,短期内难以消除。可见,消极冲突对项目绩效的影响是巨大的。

四、冲突管理的主要思路

1) 冲突管理的一般性思路

对于消极冲突而言,首要任务需要对冲突进行识别,冲突管理者需要第

一时间对冲突进行初步的干预,防止冲突过快升级,迅速恶化。冲突管理者需要第一时间召集冲突干预小组,分析冲突特点,统一思想,制定管理策略。冲突化解后,还需要进一步跟踪观察,清扫冲突遗留角落,尽量将冲突负面影响消除彻底,如图 6.1 所示。

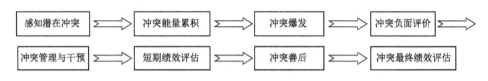

图 6.1　项目负面冲突的管理路径

2) 基于减少项目绩效损失的冲突危机公关

项目发生冲突后,表现为冲突当事方互相对立,合作互动中止。此时,受影响最大的是项目,项目中止蕴含着大量潜在风险,这些风险将对项目质量、费用、工期等主要绩效指标的实现构成威胁。

(1) 项目质量的潜在风险。项目中止后,施工界面突然非正常中止,无法按照预定计划持续施工,施工界面无防护暴露,后续施工存在的技术性与非技术性鸿沟无法保证持续施工带来的施工质量。

(2) 项目费用的潜在风险。项目中止后,各种施工机械和人员闲置造成施工资料浪费,客观上造成项目费用上升;项目冲突需要干预和协调,需要耗费一定的管理成本。随着冲突对峙时间的延长,项目费用将持续上升。

(3) 项目工期延长风险。显而易见,冲突对峙时间越长,项目按时完成的难度越大。若冲突只限于小范围或局部,则对整个项目的总工期影响较小;若冲突造成整个项目中止,则将影响项目的总工期。项目总工期的延长,会影响项目运营阶段的时间起点,影响整个项目的各项经济技术指标。

(4) 项目团队效率下降风险。冲突的负面影响有很强的传染性,项目团队士气低落,工作效率迅速下降。团队成员对未来预期持悲观态度,团队逐渐变得不稳定。

(5) 项目资源供给不稳定风险。项目外围的资金提供方、材料供应方均对项目预期持负面评价,对于供应方而言,提供资金和材料意味着风险大增,供给决策不确定性因素增加;对于项目而言,资金、材料供应都将变得不稳定。整个项目无论内部和外部都面临"内忧外患"的局面。

冲突导致的各种风险对项目主要绩效的影响如表 6.1 所示。

表 6.1　冲突对项目主要绩效指标的影响

风险类别	上升/延长	不明显	下降/提前
质量(合格率和优良率)			√
费用	√		
工期	√		
安全		√	
团队效率			√
资源供给稳定性			√
项目管理创新		√	

项目冲突导致项目陷入危机,危机公关无论对于项目本身,还是项目参与各方均有重要意义。项目冲突危机公关的首要任务是对冲突现场做初步干预,防止冲突事态进一步升级。一方面,对项目而言,危机公关的主要工作是对项目做出技术和管理两方面的初步处理,并对与之相关的资源配置做出临时安排,其实质是对项目做出最大限度的保护;另一方面,对于冲突当事方而言,危机公关的主要内容是安抚冲突当事方的情绪,转移冲突焦点,掌握当事方的诉求信息,初步给出冲突解决方案。针对冲突的现实情况,项目管理者冲突危机公关需要做好"人"和"物"两方面的工作。

(1) 及时召集冲突管理委员会(小组),明确成员的责任和义务,各司其职,迅速介入冲突,控制现场,防止冲突进一步升级。

(2) 控制舆论。选择性披露与冲突有关的信息,防止冲突方面的信息迅速扩散,稳定项目团队及周围环境。

(3) 迅速对项目施工界面做出初步技术性处理,尽量减少由技术时间延长造成的施工质量损失,项目尽快转入正常施工节奏,减少由冲突带来的费用和工期风险。

(4) 对与项目直接相关的资金、人力、材料和机械等资源做出初步安排,尽量减少资源供应方的持有损失,稳定项目资源供应链。

冲突发生后,项目管理者危机公关的主要工作内容及流程如图 6.2 所示。

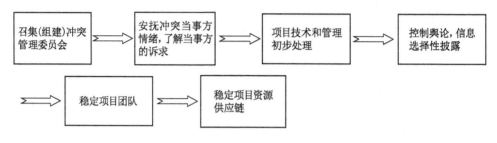

图 6.2 冲突危机公关主要工作内容与流程图

3) 面向绩效改进的冲突实务管理

人们很少能有意识地以辩证的眼光看待冲突进而采取不同的管理策略。项目管理者应采取科学有效的方法管理冲突,进而提高项目绩效。常用的方法有跟踪对照法、倒排法和重新调整法。

(1) 跟踪对照法(Tracking Control Method, TCM)

跟踪对照法是指冲突发生后,通过对照实际绩效指标与计划绩效指标,找出差距,有计划地分析冲突因素导致的绩效偏差,并采取针对性措施有意识地控制偏差的方法。该方法适用于一些积极冲突或程度较轻的负面冲突,并且管理者在管理能力范围内能对绩效指标做出调整。若冲突产生了积极影响,则只需维持这种影响即可,后续须总结经验,提升冲突管理能力。若冲突产生不太大的负面影响,则需对照计划绩效指标,寻找产生偏差的原因,采取措施弥补偏差。

(2) 倒排法(Inverted Arrangement Method, IAM)

倒排法是以原计划为基础,以冲突发生后的当前为起点,重新计算每个计算周期的绩效指标完成量。倒排法与跟踪对照法类似,但也有所不同。相同点是要求以最终绩效完成量为目标,不同点是倒排法每个计算周期的完成量是确定的,而跟踪对照法每个计算周期表现出较强的不确定性。倒排法有很强的计划性,跟踪对照法每个计算周期内的绩效完成量具有一定的随机性。

（3）重新调整法（Readjustment Method, RAM）

重新调整法是指由于冲突的发生,导致原计划绩效目标已不可能实现,各方商议后,只能重新调整绩效目标。重新调整法一般适用于一些遭受重大冲突的项目,按照原定计划已难以完成项目。重新调整的内容包括但不限于项目的质量、工期和费用等。

以上三种调整方法在面对冲突对项目进行重新调整时,各有特点。跟踪对照法一般适用于冲突影响不太大,对项目影响不确定的情形;倒排法适用于冲突影响已定,绩效目标刚性无法更改的情形;重新调整法适用于目标绩效已确定无法实现,基于当前冲突的情形,对项目目标做出重新安排。三种调整方式的特点如表 6.2 所示。

表 6.2　冲突影响下的三种绩效目标调整方法的特点

调整方式	冲突影响力	对项目及各方的影响	管理弹性	介入成本及总成本
TCM	较小	较小	较大	较小
IAM	较大	较大	较小	中等
RAM	很大	很大	较小	较大

第二节 两类冲突管理绩效的 表征及应用

在第二章第三节已介绍了采用质量、进度和费用表示冲突管理绩效。α 和 β 分别表示不同评价时间尺度下的绩效指标。基于项目绩效指标的变化，可以大致判断出冲突管理措施对项目造成的影响(本节着重讨论冲突功能消极和积极两方面的影响)。冲突管理绩效指标的提出意义较大。与未发生冲突(横向)相比，冲突绩效指标的变化可用于评价冲突的功能；冲突发生后，从时间尺度上(纵向)，冲突绩效指标的变化可用于评价冲突管理的效果。横向指标和纵向指标的变化对冲突管理的评价有着重要的现实意义。

一、冲突绩效指标横向比较

横向比较是指冲突发生后，项目绩效指标与原计划进行比较。式(2.7)～(2.9)、式(2.10)～(2.12)均属于横向比较，反映了冲突对项目绩效的影响。需要指出的是横向比较的时间节点需要与原计划保持一致，时间的间隔长度可以根据研究的需要适当选取。α_t 和 β_t 均属于横向指标。横向指标可用于判断冲突的功能。

(1) 若 $\alpha_t^q, \beta_t^q > 0, \alpha_t^s, \beta_t^s > 0, \alpha_t^f, \beta_t^f < 0$，则冲突功能评价为正面的、积极的；

(2) 若 $\alpha_t^q = \beta_t^q = \alpha_t^s = \beta_t^s = \alpha_t^f = \beta_t^f = 0$，则冲突功能评价对项目没有影响；

(3) 若 $\alpha_t^q, \beta_t^q < 0, \alpha_t^s, \beta_t^s < 0, \alpha_t^f, \beta_t^f > 0$，则冲突功能评价为负面的、消极的。

当然，现实项目管理实际情况比较复杂，同时满足(1)或(2)或(3)的情况并不多见,有些甚至出现指标互相矛盾的情况,在此基础上,需要建立更加多元的评价准则评价冲突。若项目的评价重点在于进度,则应加大针对项目进度的冲突功能评价方案;若项目的评价重点在于费用,则需要建立与进度评价方案完全不同的方案。

二、冲突绩效指标纵向比较

纵向比较是指在时间尺度上对冲突进行评价。式(2.14)～(2.16)即为纵向比较,常常用于干预措施的效果评价。K_t^q、K_t^s、K_t^f 反映了干预措施施加后,项目绩效的变化情况。对不同的项目和冲突,干预措施效果的显现与时间有关。因此,对某一干预措施而言,将式(2.14)～(2.16)改写,得

$$K_{t,\Delta t}^q = \frac{q_t^b - q_t^p}{q_t^p} \tag{6.1}$$

$$K_{t,\Delta t}^s = \frac{s_t^b - s_t^p}{s_t^p} \tag{6.2}$$

$$K_{t,\Delta t}^f = \frac{f_t^b - f_t^p}{f_t^p} \tag{6.3}$$

与式(2.14)～(2.16)相比,纵向指标 $K_{t,\Delta t}^q$、$K_{t,\Delta t}^s$、$K_{t,\Delta t}^f$ 体现了冲突发生的时间节点和评价的时间区间,更为科学合理。 b 和 p 为措施干预后和干预前的绩效指标。

(1) 若干预措施有效,则 $K_{t,\Delta t}^q > 0$,$K_{t,\Delta t}^s > 0$,$K_{t,\Delta t}^f < 0$;

(2) 若干预措施无效,则 $K_{t,\Delta t}^q = K_{t,\Delta t}^s = K_{t,\Delta t}^f = 0$;

(3) 若干预措施助推冲突升级,则 $K_{t,\Delta t}^q < 0$,$K_{t,\Delta t}^s < 0$,$K_{t,\Delta t}^f < 0$。

同样的,对干预措施的效果评价需依据不同的项目、不同的评价方案确定。关于冲突干预措施的评价方案有待深入研究。

三、两类指标在冲突管理中的应用

横向和纵向指标作为冲突管理的信号指标,发挥着不同的作用。横向指

标用于判断冲突的功能属性,为冲突管理提供参考借鉴作用;纵向指标用于判断干预措施的有效性,为制定下一步措施提供信息来源,如图6.3所示。

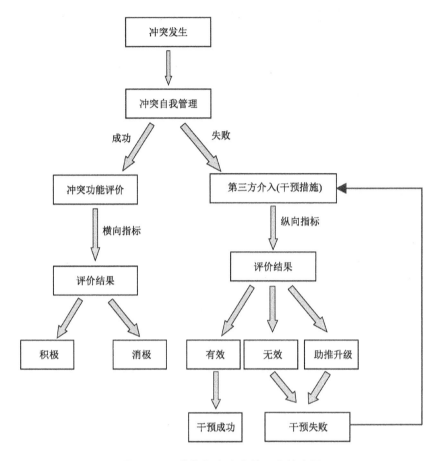

图6.3 两类指标在冲突管理中的应用

当冲突发生后,当事方首先应寻求自我解决。从冲突事项焦点出发,本着有利于矛盾的解决为原则,以折中、妥协、宽容等作为解决冲突的主要手段,从利益角度寻找冲突解决的可能性。若双方调解成功,根据横向指标的变化,判断冲突的功能。如果项目绩效明显下降,显然冲突的影响是负面的;如果项目绩效有明显提升,则冲突的影响是正面的。因此,从项目绩效的变化可以大致判断出冲突的功能。若冲突调解失败,则转向他人管理,也就是所谓的第三方介入。第三方施加干预措施后,可以通过纵向指标的变化考察干预效果。例如,如果项目质量指标明显提高,说明干预措施是有效的;如果项目进度指标基本没有变化,说明干预措施是无效的;如果项目进度加快,说明施工团队的积极性被调动起来,干预措施是有效的。在某些情况下,干预措施起到相反的效果,绩效指标不升反降。总之,第三方干预措施是否有效,效果如何,可以定量地通过纵向指标来反映。对冲突干预有效说明对冲突的干预是成功的;而对冲突干预无效或者助推升级说明对冲突的干预是失败的,当然这仅仅是针对项目绩效指标而言的。图 6.3 基本反映了两类绩效指标在项目冲突管理中的应用情况。

两类冲突绩效指标的应用框架在指导现实项目冲突管理过程中能发挥重要作用,但是有几点需要补充说明:

(1) 横向指标和纵向指标的功能不同,横向指标通常用于冲突评价,以获取冲突管理经验为目标;纵向指标通常用于评价干预措施是否有效,属于过程性评价。

(2) 横向指标顾名思义是指标经过横向(未发生冲突时)对比,对后续冲突进行预防、分类与识别具有重要作用;纵向指标用于观察干预后的指标变化情况,由于干预效果和冲突当事方、冲突事项、冲突发生的时间节点都有一定的关系,因此干预措施的效果是干预措施与上述变量耦合的结果。对判断干预措施的效果是否具有普遍性意义只有参考的作用。

(3) 无论是对冲突积极评价还是消极评价,干预措施是干预成功评价还是干预失败评价,其评价内容和评价指标都是多元的。若评价指标是单一的,则较为简单,只要针对单个指标而言即可;若评价指标是多元的,则要涉及评价方法问题。冲突管理评价是冲突管理的一项重要内容,值得后续深入研究。

四、案例分析

[案例 1]

某地要修建一条外环城市主干道,在开挖道路路基过程中施工单位意外挖到一块重达 3.5 t 的巨石,由于工期较紧,施工单位在未通知监理现场确认的情况下,自行将巨石运出场外。随后,施工单位上报联系单,要求发包方支付该项工程量费用 4 000 元,包括人工费、机械费、运输费和抛物费等。监理收到联系单后,以没有现场签证为由拒绝受理。施工单位认为旁站监理不在现场,自行将巨石运出场外,实属无奈,并以现场停工为要挟。双方你来我往,各执一词。双方僵持了近一周时间,眼看工程进程不大,双方都有可能面临发包方的处罚。监理提出可以让施工单位寻找巨石的当前位置,重新计量。施工单位表示巨石是否在原先的抛物地点尚不确定。随后施工单位和监理单位一道前往抛物地点,所幸巨石依然在现场,在监理单位的旁站下,重新计算人工费、机械费、运输费和抛物费等合计 3 670 余元。监理单位及时审批联系单。虽然双方的冲突得到了很好的解决,但对照原施工计划,工期前前后后延后了 9 天,这给施工单位造成很大压力。经过施工单位日夜奋战,加快施工进度,最终项目还是延后 3 天竣工交付。

[案例解析]

虽然冲突在施工单位和监理单位的共同努力下得到了很好的解决,但通过对横向指标进行对比,主要绩效指标工期延后了 3 天竣工交付。对案例 1 进行分析可知,发生在施工单位和监理单位之间的冲突对项目的影响,仅从工期的指标来看,是负面的。虽然从项目的最后结果来看项目延期 3 天,并不一定是该次冲突造成的。但在其他一切都顺利的情况下,由此次冲突造成项目延期 3 天占据较大概率。事实上,虽然通过抢工期争取了 6 天时间,但抢工期需要更多的费用,实质上是用更多的成本弥补了 6 天时间。因此,此次冲突对项目的影响无论是从短期来看,还是从最终结果来看,均是负面的。

[案例 2]

某地要修建一个垃圾焚烧厂,施工单位项目经理和监理单位的项目总监由于个性迥异,在合作互动中摩擦不断,大小纷争影响了项目团队正常工作。双方也曾尝试互动沟通,可始终不见成效。项目绩效的各项指标不断下滑。眼看项目陷入危机,发包方发函要求施工单位和监理单位调整项目经理和项目总监人选,施工单位高层和监理单位高层经过磋商沟通决定委任两个老搭档工作。随后,在新的项目经理和项目总监的带领下,项目面貌焕然一新,项目质量明显提高,进度明显加快。显然发包方通过组织手段解决冲突的效果显著,发包方干预冲突的行为是成功的。

[案例解析]

对案例 2 进行分析可知,在原项目经理和项目总监冲突自我管理失败后,发包方通过组织手段更换了两个职位关键人选,属于对原有冲突的干预。干预的结果是项目质量明显提高,进度明显加快,这实质上是通过纵向指标比较得出的。通过观测纵向指标的变化,能清楚地观测到项目绩效的变化,直至判断冲突干预的效果。若发现纵向指标不仅没有显著变化,甚至还有恶化的趋势,则显然此次干预措施是失败的。

本 章 小 结

研究项目冲突管理的最终落脚点在于为实际项目管理服务。本章提出了以改善项目绩效为导向，项目管理者应如何管理项目冲突的若干措施。这些措施主要针对实际项目管理，可操作性强。为了给冲突管理提供更加有效的管理途径，本章提出了冲突绩效横向和纵向两类指标，两类指标在实际应用时，作用和功能均有所不同。前者可用于判断冲突功能特征，后者可用于判断干预措施的效果。两类冲突指标的提出并结合冲突管理实务内容共同构成了面向实际项目管理的应用框架。

第七章　总结与展望

本书以冲突对利益相关者及项目的影响为研究目标,从理论研究的角度,揭示冲突对利益相关者和项目的影响机理。本书以治理理论为切入点,分析冲突对利益相关者和项目的影响。全书共分为 7 章,重点章节在第三章、第四章、第五章、第六章。

第三章介绍了冲突的刚性和柔性治理途径。合同和关系作为两种治理手段,均有刚性和柔性的特征。重点分析了合同与关系刚性和柔性治理特征的侧重点以及两者的辩证关系。

第四章介绍了如何设计条款治理项目冲突。从治理结构和治理机制出发,深入研究了冲突应该如何治理,研究内容或许能给人以启迪。

第五章以施工阶段冲突为例,以混合策略纳什均衡、演化博弈理论为基础,研究了冲突当事人和第三方介入者的行为策略,理论研究充分翔实,能很好地服务指导项目建设。

第六章以项目绩效改善为目标,研究了应如何管理冲突。本章立足于现实项目冲突管理,提出了若干冲突管理的具体措施。这些措施包括冲突危机公关、现实冲突管理实务操作等,具有很强的实践指导意义。

和所有其他学术专著一样,本书虽然取得了丰硕的研究成果,但是同样存在一定的局限性和不足。这些局限性和不足可以作为今后努力的方向。

(1) 冲突管理作为人文社会学科的一个分支,问卷调查是重要的研究手段。以问卷调查数据为基础,开展与冲突研究有关的实证研究是今后的一项重要工作。

(2) 本书对关系作为影响因素的讨论较少,不仅要研究发包方与承包方之间的关系,还要研究承包方之间的关系对博弈结果的影响。

(3) 开拓项目冲突绩效评价模型更多的研究和应用的途径。目前对该模型的研究处于起步阶段,今后应加强对该模型的研究。无论是研究方法还是研究内容,都要努力寻求更多的可行性。

(4) 项目冲突管理作为决策科学的一项重要内容,应纳入决策科学的研究范畴中,以更高视野研究项目冲突管理才能取得更多优质的成果。

参 考 文 献

［1］唐冰松.工程项目冲突管理［M］.北京:中国建筑工业出版社,2019.

［2］FENN P，LOWE D，SPECK C. Conflict and dispute in construction［J］. Construction Management and Economics，1997，15(6)：513-518.

［3］HARMON K M J. Conflicts between owner and contractors：proposed intervention process［J］. Journal of Management in Engineering，2003，19(3)：121-125.

［4］FENN P，O'SHEA M，DAVIES E. Dispute resolution and conflict management in construction：an international review ［M］. London：Routledge，2005.

［5］罗志恒.建筑设计院多项目设计冲突管理［J］.中国工程咨询,2011(1)：24-25.

［6］刘德震.工程项目进度冲突协调分析［J］.科技信息,2010(22)：739.

［7］HARMON K M J. Resolution of construction disputes：a review of current methodologies［J］. Leadership and Management in Engineering，2003，3(4)：187-201.

［8］科塞(Coser A.).社会冲突的功能［M］.孙立平,等译.北京:华夏出版社,1989.

［9］RAHIM M A. A measure of styles of handling interpersonal conflict［J］. Academy of Management Journal，1983，26(2)：368-376.

［10］曾晓玲,何寿奎.重大工程项目PPP模式公私利益冲突与行为演化博弈研究［J］.建筑经济,2019,40(12)：66-72.

［11］SHAKIBAEI S，ALPKOKIN P. Conflict resolution in competitive liberalized railway market：application of game theoretic concepts［J］. International Game

Theory Review，2020，22(1)：1950013.

[12] JANG W, YU G, JUNG W, et al. Financial conflict resolution for public-private partnership projects using a three-phase game framework[J]. Journal of Construction Engineering and Management，2018，144(3)：1-10.

[13] 刘彩霞,郭树荣,丛旭辉,等.基于冲突分析的PPP项目合作关系稳定性[J].山东理工大学学报(自然科学版),2018,32(6):10-14.

[14] 唐耀祥.BT项目主要利益相关方的冲突博弈研究:基于行为经济学视角[J].建筑经济,2014,35(7):114-116.

[15] 王孟钧,陆洋.建设项目主体间冲突型博弈的效益分析及制度设计[J].科技进步与对策,2011,28(13):31-34.

[16] XU J P, ZHAO S W. Noncooperative game-based equilibrium strategy to address the conflict between a construction company and selected suppliers[J]. Journal of Construction Engineering and Management，2017，143(8)：1-12.

[17] 黄凯南.演化博弈与演化经济学[J].经济研究,2009,44(2):132-145.

[18] 李壮阔,吕亚兰.PPP项目多主体行为策略演化博弈研究[J].数学的实践与认识,2019,49(23):31-39.

[19] 程敏,刘亚群,王洪强.于系统动力学的邻避设施PPP项目三方演化博弈分析[J].运筹与管理,2019,28(10):40-49.

[20] 虞晓芬,傅剑.社会力量参与保障性安居工程演化博弈及政府规制[J].系统工程理论与实践,2017,37(12):3127-3136.

[21] 谢秋皓,杨高升.动态惩罚机制下公共项目承包商机会主义行为演化博弈[J].土木工程与管理学报,2019,36(1):129-135.

[22] 付光辉,董健,潘欣维.工程项目组织内安全知识共享演化博弈[J].土木工程与管理学报,2018,35(3):34-39.

[23] 尹贻林,徐志超,邱艳.公共项目中承包商机会主义行为应对的演化博弈研究[J].土木工程学报,2014,47(6):138-144.

[24] 潘裕敏,刘燕花,王恒伟.基于演化博弈理论的EPC工程项目委托代理风险控制研究[J].工程管理学报,2019,33(5):115-119.

[25] 周明建,安春圆,江爱成.项目经理沟通能力对团队冲突影响的实证研究[J].项目管理技术,2013,11(1):44-49.

［26］李倩,周国华,任晓艳.知识型项目团队中冲突与知识转移关系的实证研究
　　　［J］.科技管理研究,2009,29(5):426-428.

［27］WU G D, ZHAO X B, ZUO J. Effects of inter-organizational conflicts on con-
　　　struction project added value in China［J］. International Journal of Conflict
　　　Management, 2017, 28(5): 695-723.

［28］WU G D, ZHAO X B, ZUO J, et al. Effects of contractual flexibility on
　　　conflict and project success in megaprojects［J］. International Journal of
　　　Conflict Management, 2018, 29(2):253278.

［29］ZHANG L Y, HUO X Y. The impact of interpersonal conflict on construction
　　　project performance: a moderated mediation study from China ［J］.
　　　International Journal of Conflict Management, 2015, 26(4): 479-498.

［30］AWWAD R, BARAKAT B, MENASSA C. Understanding dispute
　　　resolution in the middle east region from perspectives of different stakeholders
　　　［J］. Journal of Management in Engineering, 2016, 32(6): 05016019.

［31］TABASSI A A, ABDULLAH A, BRYDE D J. Conflict management, team
　　　coor-dination, and performance within multicultural temporary projects:
　　　evidence from the construction industry［J］. Project Management Journal,
　　　2019, 50(1): 101-114.

［32］丁荣贵,赵树宽.项目管理［M］.上海:上海财经大学出版社,2017.

［33］盛金喜,马海骋,李慧民.保险视角下公共建筑工程质量风险诊断模型［J］.
　　　工程管理学报,2019,33(5):125-129.

［34］张伟,赵明思,黄瑶.基于系统思维的工程质量监督标准化成熟度评价［J］.
　　　工程管理学报,2018,32(4):110-115.

［35］覃亚伟,石文洁,肖明钊.基于BIM+三维激光扫描技术的桥梁钢构件工程
　　　质量管控［J］.土木工程与管理学报,2019,36(4):119-125.

［36］宋朝祥,李艳,关通.基于改进LSM的多工作面线性工程施工进度优化［J］.
　　　土木工程与管理学报,2017,34(6):169-174.

［37］王广斌,胡雨晴,戚淑芳.基于SNA的工程项目进度管理研究:以上海D项
　　　目为例［J］.工程管理学报,2016,30(1):103-108.

［38］陈欢,李清立.房地产开发项目成本管理研究:基于价值链视角［J］.工程管

理学报,2019,33(2):153-158.

[39] BARONIN S A, KULAKOV K J. Modeling total cost of ownership residential real estate in the life cycles of buildings[J]. International Journal of Civil Engineering and Technology, 2018, 9(10):1140-1148.

[40] SINESILASSIE E G, TABISH S Z S, JHA K N. Critical factors affecting cost performance: a case of Ethiopian public construction projects [J]. International Journal of Construction Management, 2018, 18(2): 108-119.

[41] PITSIS A, CLEGG S, FREEDEr D, et al. Megaprojects redefined-complexity versus cost-and social imperatives [J]. International Journal of Managing Projects in Business, 2018, 11(1): 7-34.

[42] LU W X, ZHANG L H, PAN J. Identification and analyses of hidden transaction costs in project dispute resolutions[J]. International Journal of Project Management, 2015, 33(3): 711-718.

[43] DUZKALE A K, LUCKO G. Exposing uncertainty in bid preparation of steel construction cost estimating: I. conceptual framework and qualitative C-I-V-I-L classification[J]. Journal of Construction Engineering and Management, 2016, 142(10): 04016049.

[44] FIROUZI A, YANG W, LI C Q. Prediction of total cost of construction project with dependent cost items[J]. Journal of Construction Engineering and Management, 2016, 142(12): 04016072.

[45] XU J W, Moon S. Stochastic revenue and cost model for determining a BOT concession period under multiple project constraints [J]. Journal of Management in Engineering, 2014, 30(3): 04014011.

[46] 李万庆,邱幸运,孟文清.工程项目工期—成本—质量—安全水平综合优化研究[J].工程管理学报,2019,33(2):136-140.

[47] BANIASSADI F, ALVANCHI A, MOSTAFAVI A. A simulation-based framework for concurrent safety and productivity improvement in construction projects[J]. Engineering, Construction and Architectural Management, 2018, 25(11): 1501-1515.

[48] RODRIGUES S M R, COSTA D B. Integrating resilience engineering and

UAS technology into construction safety planning and control［J］. Engineering，Construction and Architectural Management，2019，26（11）：2705-2722.

［49］ TOOR S U R，OGUNLANA S O. Beyond the "iron triangle"：stakeholder per-ception of key performance indicators（KPIs）for large-scale public sector development projects［J］. International Journal of Project Management，2010，28（3）：228-236.

［50］ RALF M. Project governance：fundamentals of project management［M］.［S. l.］：Gower Publish Company，2009.

［51］丁荣贵,高航,张宁.项目治理相关概念辨析［J］.山东大学学报（哲学社会科学版）,2013（2）:132-142.

［52］严玲,赵黎明.论项目治理理论体系的构建［J］.上海经济研究,2005,17（11）:104-110.

［53］ FENG G，YAN C R，WILKINSON S，et al. Effects of project governance structures on the management of risks in major infrastructure projects：a comparative analysis［J］. International Journal of Project Management，2014，32（5）：815-826.

［54］ MüLLER R，ZHAI L，WANG A Y，et al. A framework for governance of projects：governmentality，governance structure and projectification［J］. International Journal of Project Management，2016，34（6）：957-969.

［55］马天宇,王卓甫,丁继勇.基于交易费用理论的工程项目治理结构分析［J］.土木工程与管理学报,2015,32（3）:62-65.

［56］ HAQ S U，GU D X，LIANG C Y，et al. Project governance mechanisms and the performance of software development projects：moderating role of requirements risk［J］. International Journal of Project Management，2019，37（4）：533-548.

［57］ LU P，CAI X Y，WEI Z P，et al. Quality management practices and inter-organizational project performance：Moderating effect of governance mechanisms［J］. International Journal of Project Management，2019，37（6）：855-869.

[58] ZHENG X, LU Y J, CHANG R D. Governing behavioral relationships in megaprojects: examining effect of three governance mechanisms under project uncertainties [J]. Journal of Management in engineering, 2019, 35 (5): 04019016.

[59] CHEUNG S O, WONG W K, YIU T W, et al. Exploring the influence of contract governance on construction dispute negotiation [J]. Journal of Professional Issues in Engineering Education and Practice, 2008, 134(4): 391-398.

[60] YOU J Y, CHEN Y Q, HUA Y Y, et al. The efficacy of contractual governance on task and relationship conflict in inter-organisational transactions [J]. International Journal of Conflict Management, 2019, 30(1): 65-86.

[61] 王德东,傅宏伟.关系治理对重大工程项目绩效的影响研究[J].建筑经济, 2019,40(4):63-68.

[62] DOLOI H. Analysis of pre-qualification criteria in contractor selection and their impacts on project success [J]. Construction Management and Economics, 2009, 27(12): 1245-1263.

[63] LIU J Y C, CHEN H G, CHEN C C, et al. Relationships among interpersonal conflict, requirements uncertainty, and software project performance[J]. International Journal of Project Management, 2011, 29(5): 547-556.

[64] AIBINU A A, LING F Y Y, OFORI G. Structural equation modelling of organizational justice and cooperative behaviour in the construction project claims process: contractors' perspectives[J]. Construction Management and Economics, 2011, 29(5): 463-481.

[65] LEUNG M Y, LIU A M M. Analysis of value and project goal specificity in value management[J]. Construction Management and Economics, 2003, 21 (1): 11-19.

[66] LEUNG M Y, NG S T, CHEUNG S O. Measuring construction project participant satisfaction[J]. Construction Management and Economics, 2004, 22(3): 319-331.

[67] LOOSEMORE M，NGUYEN B T，DENIS N. An investigation into the merits of encouraging conflict in the construction industry[J]. Construction Management and Economics，2000，18(4)：447-456.

[68] AKPAN E O P，IGWE O. Methodology for determining price variation in project execution[J]. Journal of Construction Engineering and Management，2001，127(5)：367-373.

[69] CHEN Y T，MCCABE B，HYATT D. Relationship between individual resilience，interpersonal conflicts at work，and safety outcomes of construction workers[J]. Journal of Construction Engineering and Management，2017，143(8)：04017042.

[70] MITROPOULOS P，HOWELL G. Model for understanding，preventing，and resolving project disputes[J]. Journal of Construction Engineering and Management，2001，127(3)：223-231.

[71] LEUNG M Y，LIU A M M，NG S T. Is there a relationship between construc-tion conflicts and participants' satisfaction? [J]. Engineering，Construction and Architectural Management，2005，12(2)：149-167.

[72] SABITU Oyegoke A. Building competence to manage contractual claims in international construction environment：the case of finnish contractors[J]. Engineering，Construction and Architectural Management，2006，13(1)：96-113.

[73] 杜茂华,刘锡荣,付启敏.基于平衡计分卡的化工项目综合评价模型研究[J].科技管理研究,2010,30(19):50-52.

[74] 张连营,李彦伟,陈文峰.基于SEM的工程项目团队绩效四维度指标相关性研究[J].土木工程与管理学报,2014,31(1):43-50.

[75] 郭媛媛,张玉红.基于可拓学与BSC的房地产企业绩效评价研究[J].工程管理学报,2010,24(1):113-118.

[76] 冉立平,李忠富.建筑企业平衡记分卡导向型战略实施研究[J].建筑经济,2009,30(2):115-118.

[77] AMARKHIL Q，ELWAKIL E. Construction organization success strategy in post-conflict environment [J]. International Journal of Construction

Management，2022，22(4)：701-710.

[78] 刘洪程.浅谈卓越绩效准则在工程质量提升中的应用[J].工程质量,2019, 37(1):16-20.

[79] ALBRECHT J C, SPANG K. Disassembling and reassembling project management maturity[J]. Project Management Journal, 2016, 47 (5): 18-35.

[80] 史玉芳,宋平平.城市轨道交通 PPP 项目成功关键影响因素研究[J].建筑经济,2019,40(8):42-47.

[81] 张尚,梁晔华,陈静静,等.PPP 项目关键成功要素研究:基于国内外典型案例分析[J].建筑经济,2018,39(2):62-69.

[82] 陈晓.基于案例分析的 PPP 不成功项目失败历程及启示[J].建筑经济, 2017,38(5):29-33.

[83] 郑宏波.铁路工程勘察设计项目绩效评价方法研究[J].综合运输,2017,39 (5):38-44.

[84] 廖英.设计项目管理系统在绩效管理工作中的应用[J].上海电力,2006,19 (2):199-201.

[85] 唐佳炜,张连营.结合最后计划者系统与挣值法的项目绩效控制[J].武汉理工大学学报(信息与管理工程版),2015,37(1):126-130.

[86] IYER K C, JHA K N. Critical factors affecting schedule performance: evidence from Indian construction projects [J]. Journal of Construction Engineering and Management, 2006, 132(8): 871-881.

[87] CHEN Y Q, ZHANG Y B, ZHANG S J. Impacts of different types of owner-contractor conflict on cost performance in construction projects[J]. Journal of Construction Engineering and Management, 2014, 140(6): 4014017.

[88] MCCABE B Y, ALDERMAN E, CHEN Y T, et al. Safety performance in the construction industry: quasi-longitudinal study[J]. Journal of Construction Engineering and Management, 2017, 143(4): 04016113.

[89] KABIRI S, HUGHES W. The interplay between formal and informal elements in analysing situations of role conflict among construction participants [J]. Construction Management and Economics, 2018, 36(12): 651-665.

［90］ TEO M M, LOOSEMORE M. Community-based protest against construction pro-jects: a case study of movement continuity[J]. Construction Management and Economics, 2011, 29(2): 131-144.

［91］ SHEHU Z, ENDUT I R, AKINTOYE A, et al. Cost overrun in the Malaysian construction industry projects: a deeper insight[J]. International Journal of Project Management, 2014, 32(8): 1471-1480.

［92］ MIN J H, JANG W, HAN S H, et al. How conflict occurs and what causes conflict: conflict analysis framework for public infrastructure projects[J]. Journal of Management in Engineering, 2018, 34(4): 04018019.

［93］ 杜亚丽,孔凡海,袁正伦.PPP养老项目运营阶段绩效指标体系研究[J].工程管理学报,2019,33(6):150-154.

［94］ 赵勇.浅谈如何做好工程监理管理工作:提高项目绩效[J].广东科技,2012,21(7):217-218.

［95］ 张宗超.项目绩效评价模型在水利工程项目监理中的应用[J].水利技术监督,2013,21(6):19-20.

［96］ 张琳玉.PPP项目社会投资方财务管理思考[J].纳税,2017(26):40.

［97］ ALFARO L A, CHOI H R, LE T M H. Public private partnership investment to execute policies of port community system in central America [J]. International Journal of Economic Research, 2017, 14(2):107-122.

［98］ LAM P T I, JAVED A A. Comparative study on the use of output specifications for Australian and U. K. PPP/PFI projects[J]. Journal of Performance of Constructed Facilities, 2015, 29(2): 04014061.

［99］ LIOU F M, YANG C H, CHEN B, et al. Identifying the Pareto-front appr-oximation for negotiations of BOT contracts with a multi-objective genetic algorithm [J]. Construction Management and Economics, 2011, 29(5): 535-548.

［100］ SUBPRASOM K, CHEN A. Effects of regulation on highway pricing and capacity choice of a build-operate-transfer scheme[J]. Journal of Construction Engineering and Management, 2007, 133(1): 64-71.

［101］ 杜亚灵,尹贻林.基于治理的代建项目管理绩效改善研究[J].北京理工大

学学报(社会科学版),2010,12(6):19-26.

[102] 杜亚灵,尹贻林.治理对公共项目管理绩效改善的实证研究:以企业型代建项目为例[J].土木工程学报,2011,44(12):132-137.

[103] 杜亚灵,尹贻林.治理对政府投资项目管理绩效作用机理的实证研究:以企业型代建项目为例[J].软科学,2010,24(12):1-6.

[104] 韩前广.城市社区柔性治理的人心濡化之道:基于上海市J区"客堂汇"的个案研究[J].四川行政学院学报,2018(1):90-98.

[105] 刘汉峰.全面从严治党条件下党内柔性治理问题研究[J].青海社会科学,2016(3):85-91.

[106] 范和生,许君.社区结构下的刚性分层与柔性治理[J].蚌埠学院学报,2015,4(2):145-148.

[107] 谭英俊,陶建平,苏曼丽.柔性治理:21世纪地方政府治理创新的逻辑选择[R]//中国领导科学研究年度报告2014,山东青岛,2014:149-156.

[108] 刘圣中.一个公共话题催生政府"柔性治理"[J].决策,2007(5):30-31.

[109] 周利敏.灾害集体行动的类型及柔性治理[J].思想战线,2011,37(5):92-97.

[110] 杜亚灵,唐海荣.合同治理对BT项目投资控制的案例研究[J].北京理工大学学报(社会科学版),2012,14(5):71-77.

[111] 吕志奎.政府合同治理的风险分析:委托—代理理论视角[J].武汉大学学报(哲学社会科学版),2008,61(5):676-680.

[112] 尹贻林,董宇,张力英.基于合同治理的承包商与设计单位合谋防范研究[J].华东交通大学学报,2012,29(1):54-60.

[113] 王颖,王方华.关系治理中关系规范的形成及治理机理研究[J].软科学,2007,21(2):67-70.

[114] 邱聿旻,程书萍,巫城亮,等.基于关系合同的重大工程隧道行为治理模型[J].工程管理学报,2018,32(2):97-102.

[115] 李晓光,郝生跃,任旭.关系治理对PPP项目控制权影响的实证研究[J].北京理工大学学报(社会科学版),2018,20(3):52-59.

[116] 邓娇娇,严玲,吴绍艳.中国情境下公共项目关系治理的研究:内涵、结构与量表[J].管理评论,2015,27(8):213-222.

[117] 尹贻林,赵华,严玲,等.公共项目合同治理与关系治理的理论整合研究
[J].科技进步与对策,2011,28(13):1-4.

[118] 骆亚卓.合同治理与关系治理及其对建设项目绩效影响的实证研究[D].广
州:暨南大学,2011.

[119] 谈毅,慕继丰.论合同治理和关系治理的互补性与有效性[J].公共管理学
报,2008,5(3):56-62.

[120] 彭本红,武柏宇.平台企业的合同治理、关系治理与开放式服务创新绩效:
基于商业生态系统视角[J].软科学,2016,30(5):78-81.

[121] 郑传斌,丰景春,鹿倩倩,等.全生命周期视角下关系治理与契约治理导向
匹配关系的实证研究:以 PPP 项目为例[J].管理评论,2017,29(12):
258-268.

[122] 刘俊波.冲突管理理论初探[J].国际论坛,2007,9(1):37-42.

[123] 韩玉果.冲突与冲突管理的研究综述[C]//国际中华应用心理学研究会第
五届学术年会论文集,丽江,2007:56-62.

[124] 高峰.大型建设工程项目资源冲突机理及其管理方法研究[D].西安:西安
建筑科技大学,2014.

[125] 吴叶忠.工程项目团队的冲突管理研究[D].上海:上海交通大学,2009.

[126] 王亚卓.工程项目团队内外部冲突问题研究[D].长春:吉林大学,2014.

[127] 丁杰.我国建设工程项目中冲突的现状调研和分析[J].建筑经济,2012,33
(2):16-19.

[128] 赵建军,黄琦,田兵权.项目冲突管理在项目生命周期中的应用分析[J].建
筑设计管理,2007,24(4):14-17.

[129] 万涛.冲突管理方式对团队绩效的影响研究[J].技术经济与管理研究,
2010(6):61-66.

[130] 宝贡敏,汪洁.冲突管理方式研究综述[J].人类工效学,2008,14(1):
57-60.

[131] 于静静,蒋守芬,赵曙明.冲突管理方式与团队学习行为对员工创新行为的
交互效应研究[J].科技进步与对策,2015,32(11):143-148.

[132] 杜鹏程,杜雪,姚瑶,等.雇员敌意与员工创新行为:情绪劳动策略与冲突
管理方式的作用[J].科技进步与对策,2017,34(12):148-154.

［133］张新安,何惠,顾锋.家长式领导行为对团队绩效的影响:团队冲突管理方式的中介作用[J].管理世界,2009(3):121-133.

［134］张春颜,李婷婷.我国冲突管理方式转变的趋势分析:由控制主导向化解主导[J].领导科学,2016(17):58-60.

［135］陈锐,张怀民.政府视阈下社会冲突治理机制路径探析[J].广西社会科学,2017(7):147-151.

［136］廖克勤.中国公共冲突治理的困境与破解[J].经济研究导刊,2012(36):229-231.

［137］李亚,刘玲.冲突治理视角下的政策过程模型[J].上海行政学院学报,2017,18(2):22-29.

［138］张存达,蔡小慎.基于制度协同的利益冲突治理路径分析[J].学习与实践,2017(5):63-71.

［139］王玉良.缺失与建构:公共冲突治理视域下的政府信任探析[J].中国行政管理,2015(1):11-15.

［140］张恂,钟冬生.国内学界关于社会组织环境冲突治理功能的研究述评[J].云南行政学院学报,2017,19(3):134-141.

［141］徐祖迎.社会组织参与冲突治理的功能和策略[J].苏州科技大学学报(社会科学版),2017,34(3):16-20.

［142］张庆华,何庆旭,魏长星,等.从项目治理谈工程项目管理的发展[J].项目管理技术,2009,7(11):72-76.

［143］王彦伟,刘兴智,魏巍.项目治理的研究现状与评述[J].华东经济管理,2009,23(11):138-144.

［144］周金娥,尹贻林.基于CM型代建制的项目治理与项目管理整合[J].建筑经济,2009,30(5):75-79.

［145］张磊,唐永忠,刘婷婷,等.合同治理在PPP项目中的应用研究[J].工程管理学报,2017,31(1):101-106.

［146］何清华,刘晴.集成项目交付(IPD)典型模式合同治理研究[J].建设监理,2016(2):20-22.

［147］庄贵军,周云杰,董滨.IT能力、合同治理与渠道关系质量[J].系统工程理论与实践,2016,36(10):2618-2632.

［148］潘成蓉,聂鹰,龙勇.关系风险、合同治理与联盟绩效:契约联盟横向范围控制的调节效应研究［J］.现代管理科学,2014(9):69-71.

［149］张闯,周晶,杜楠.合同治理、信任与经销商角色外利他行为:渠道关系柔性与团结性规范的调节作用［J］.商业经济与管理,2016(7):55-63.

［150］张鹏,孙毅.合同治理理论在政府购买居家养老服务中的运用［J］.管理学刊,2015,28(3):58-61.

［151］刘慰.农村水生态环境问题合同治理模式［J］.湖州师范学院学报,2014,36(3):12-16.

［152］侯作前.消费者合同、权利导向与合同治理［J］.旅游学刊,2013,28(9):18-19.

［153］郝玉贵,付饶,庞怡晨.政府购买公共服务、合同治理与审计监督［J］.中国审计评论,2015(1):58-66.

［154］LUMINEAU F, HENDERSON J E. The influence of relational experience and contractual governance on the negotiation strategy in buyer-supplier disputes［J］. Journal of Operations Management, 2012, 30(5): 382-395.

［155］BAI X, SHENG S B, LI J J. Contract governance and buyer-supplier conflict: the moderating role of institutions［J］. Journal of Operations Management, 2016, 41: 12-24.

［156］ENQUIST B, JOHNSON M, CAMÉN C. Contractual governance for sustainable service［J］. Qualitative Research in Accounting & Management, 2005, 2(1): 29-53.

［157］SARHAN S, PASQUIRE C, MANU E, et al. Contractual governance as a source of institutionalised waste in construction: a review, implication, and road map for future research directions［J］. International Journal of Managing Projects in Business, 2017, 10(3): 550-577.

［158］ENQUIST B, CAMÉN C, JOHNSON M. Contractual governance for public service value networks［J］. Journal of Service Management, 2011, 22(2): 217-240.

［159］YLI-RENKO H, SAPIENZA H J, HAY M. The role of contractual governance flexibility in realizing the outcomes of key customer relationships

[J]. Journal of Business Venturing, 2001, 16(6): 529-555.

[160] ULSET S. R&D outsourcing and contractual governance: an empirical study of commercial R & D projects [J]. Journal of Economic Behavior & Organization, 1996, 30(1): 63-82.

[161] OSHRI I, KOTLARSKY J, GERBASI A. Strategic innovation through outsourcing: the role of relational and contractual governance [J]. The Journal of Strategic Information Systems, 2015, 24(3): 203-216.

[162] WACKER J G, YANG C, SHEU C. A transaction cost economics model for estimating performance effectiveness of relational and contractual governance: theory and statistical results [J]. International Journal of Operations & Production, 2016, 36(11): 1551-1575.

[163] 王华,尹贻林.基于委托-代理的工程项目治理结构及其优化[J].中国软科学,2004(11):93-96.

[164] 杜亚灵.基于治理的公共项目管理绩效改善研究:以企业型代建项目为例[D].天津:天津大学,2008.

[165] WEI H H, LIU M Q, SKIBNIEWSKI M J, et al. Conflict and consensus in stakeholder attitudes toward sustainable transport projects in China: an empirical investigation[J]. Habitat International, 2016, 53: 473-484.

[166] BROCKMAN J L. Interpersonal conflict in construction: cost, cause, and consequence[J]. Journal of Construction Engineering and Management, 2014, 140(2): 04013050.

[167] FU Y C, CHEN Y L, ZHANG S J. Empirical study on the relationship between owner-contractor conflict and schedule performance in design-bid-build projects[C]//International Conference on Construction and Real Estate Management 2013. October 10-11, 2013, Karlsruhe, Germany. Reston, VA, USA: American Society of Civil Engineers, 2013: 389-402.

[168] TSAI J S, CHI C S F. Influences of Chinese cultural orientations and conflict management styles on construction dispute resolving strategies[J]. Journal of Construction Engineering and Management, 2009, 135(10): 955-964.

[169] 吴光东,施建刚,唐代中.工程项目团队动态特征、冲突维度与项目成功关

系实证[J].管理工程学报,2012,26(4):49-57.

[170] 周明建,安春圆,江爱成.项目经理沟通能力对团队冲突影响的实证研究[J].项目管理技术,2013,11(1):44-49.

[171] 温世平.工程项目团队之间信任、冲突交互过程与项目价值增值关系的实证研究[D].南昌:江西财经大学,2016.

[172] 向鹏成,孔得平,刘晨阳.工程项目主体行为博弈分析[J].数学的实践与认识,2009,39(10):83-89.

[173] 向鹏成,任宏.基于信息不对称的工程项目主体行为三方博弈分析[J].中国工程科学,2010,12(9):101-106.

[174] 向鹏成,任宏,钟韵,等.信息不对称理论的工程项目主体行为博弈分析[J].重庆大学学报(自然科学版),2007,30(10):144-151.

[175] 唐冰松.BT项目主体行为多方博弈及应对策略[J].土木工程与管理学报,2015,32(3):90-94.

[176] 刘春梅.冲突理论研究综述[J].现代交际,2011(10):13.

[177] 樊富珉,张翔.人际冲突与冲突管理研究综述[J].中国矿业大学学报(社会科学版),2003,5(3):82-91.

[178] 马红玉.基于冲突与组织绩效倒"U"形关系的冲突管理策略[J].中国人力资源开发,2011(3):15-19.

[179] 陈晓红,赵可.团队冲突、冲突管理与绩效关系的实证研究[J].南开管理评论,2010,13(5):31-35.

[180] 杜亚灵,李会玲,闫鹏,等.初始信任、柔性合同和工程项目管理绩效:一个中介传导模型的实证分析[J].管理评论,2015,27(7):187-198.

[181] 尹贻林,徐志超.工程项目中信任、合作与项目管理绩效的关系:基于关系治理视角[J].北京理工大学学报(社会科学版),2014,16(6):41-51.

[182] LEE N, ROJAS E M. Activity gazer: a multi-dimensional visual representation of project performance[J]. Automation in Construction, 2014, 44: 25-32.

[183] ABDEL Azeem S A, HOSNY H E, IBRAHIM A H. Forecasting project schedule performance using probabilistic and deterministic models[J]. HBRC Journal, 2014, 10(1): 35-42.

［184］MENG X H, GALLAGHER B. The impact of incentive mechanisms on project performance[J]. International Journal of Project Management, 2012, 30(3): 352-362.

［185］PRIETO-REMÓN T C, COBO-BENITA J R, ORTIZ-MARCOS I, et al. Conflict resolution to project performance [J]. Procedia — Social and Behavioral Sciences, 2015, 194: 155-164.

［186］唐冰松.工程项目两类冲突:绩效模型的新解及应用[J].工程管理学报, 2017,31(4):93-98.

［187］黄杰,朱正威,赵巍.风险感知、应对策略与冲突升级:一个群体性事件发生机理的解释框架及运用[J].复旦学报(社会科学版),2015,57(1): 134-143.

［188］张网成.冲突升级对干预机制的内在要求[J].中国社会科学院研究生院学报,2007(6):31-37.

［189］邝艳湘.经济相互依赖、退出成本与国家间冲突升级:基于动态博弈模型的理论分析[J].世界经济与政治,2010(4):123-138.

［190］许尧,刘亚丽.群体性事件中的冲突升级及遏制机制研究[J].国家行政学院学报,2011(1):17-21.

［191］许尧.群体性事件中主观因素对冲突升级的影响分析[J].中国行政管理, 2013(11):26-29.

［192］李琰.征地拆迁引发为群体性事件过程中冲突升级因素研究[D].成都:西南交通大学,2011.

［193］高艳辉,许尧.论非直接利益群体性事件冲突升级的四个阶段[J].法制与社会,2013(1):179-181.

［194］JONES T S, REMLAND M S. Nonverbal communication and conflict escalation: an attribution-based model[J]. International Journal of Conflict Management, 1993, 4(2): 119-137.

［195］PRUITT D G, NOWAK A. Attractor landscapes and reaction functions in escalation and de-escalation [J]. International Journal of Conflict Management, 2014, 25(4): 387-406.

［196］REED W. A unified statistical model of conflict onset and escalation[J].

American Journal of Political Science，2000，44(1)：84.

[197] YASMI Y，SCHANZ H，SALIM A. Manifestation of conflict escalation in natural resource management[J]. Environmental Science & Policy，2006，9 (6)：538-546.

[198] HEIFETZ A，SEGEV E. Escalation and delay in protracted international conflicts[J]. Mathematical Social Sciences，2005，49(1)：17-37.

[199] MAAN M E，GROOTHUIS T G G，WITTENBERG J. Escalated fighting despite predictors of conflict outcome：solving the paradox in a South American cichlid fish[J]. Animal Behaviour，2001，62(4)：623-634.

[200] PETERSEN K K. Conflict escalation in dyads with a history of territorial disputes[J]. International Journal of Conflict Management，2010，21(4)：415-433.

[201] LEE T L，GELFAND M J，KASHIMA Y. The serial reproduction of conflict：Third parties escalate conflict through communication biases[J]. Journal of Experimental Social Psychology，2014，54：68-72.

[202] KELTNER D，ROBINSON R J. Imagined ideological differences in conflict escalation and resolution[J]. International Journal of Conflict Management，1993，4(3)：249-262.

[203] JANSSEN O，VAN DE VLIERT E. Concern for the other's goals：key to (de-) escalation of conflict [J]. International Journal of Conflict Management，1996，7(2)：99-120.

[204] WINSTOK Z. Conflict escalation to violence and escalation of violent conflicts [J]. Children and Youth Services Review，2008，30(3)：297-310.

[205] 丁杰.建设工程项目冲突管理机制研究[J].建筑经济,2012,33(1):57-59.

[206] 万涛.不同类型团队冲突管理研究的构思与展望[J].科技进步与对策,2006,23(12):97-100.

[207] 刘振奎.博弈论在工程项目冲突管理中的应用[J].基建优化,2007(6):11-14.

[208] 宋渊洋.冲突管理:建立积极型冲突组织[J].人才资源开发,2005(7):24-25.

［209］韦长伟.冲突管理取向:应急性与常规性的结合［J］.理论探索,2011(3):100-103.

［210］张显亮.工程项目管理中组织的冲突管理研究［D］.重庆:重庆大学,2008.

［211］唐冰松.工程项目冲突的分类及绩效影响定性分析［J］.工程管理学报,2016,30(2):136-141.

［212］MOHR A T, PUCK J F. Role conflict, general manager job satisfaction and stress and the performance of IJVs［J］. European Management Journal, 2007, 25(1): 25-35.

［213］唐冰松.冲突短期效应影响项目绩效评价研究［J］.山东建筑大学学报,2018,33(6):37-41.

［214］阚洪生,乐云,陆云波.建设工程领域组织冲突研究评述［J］.工程管理学报,2013,27(4):107-111.

［215］刘玉峰.国际工程项目组内部矛盾和冲突的成因与对策［J］.国际经济合作,2006(7):49-51.

［216］YANG L R, CHEN J H, WANG X L. Assessing the effect of requirement definition and management on performance outcomes: role of interpersonal conflict, product advantage and project type［J］. International Journal of Project Management, 2015, 33(1): 67-80.

［217］LIU J Y, LOW S P. Work-family conflicts experienced by project managers in the Chinese construction industry［J］. International Journal of Project Management, 2011, 29(2): 117-128.

［218］VAALAND T I. Improving project collaboration: start with the conflicts［J］. International Journal of Project Management, 2004, 22(6): 447-454.

［219］DEUTSCH M. Sixty years of conflict［J］. International Journal of Conflict Management, 1990, 1(3): 237-263.

［220］ELLIOT A J. Approach and avoidance motivation and achievement goals［J］. Educational Psychologist, 1999, 34(3): 169-189.

［221］HOVLAND C I, SEARS R R. Experiments on motor conflict. I. Types of conflict and their modes of resolution［J］. Journal of Experimental Psychology, 1938, 23(5): 477-493.

［222］刘耀中,杨鹏,唐志文,等.双趋与双避决策情景的 ERPs 研究［J］.广州大学
学报(社会科学版),2013,12(10):19-24.

［223］刘裕巍.基于工程项目建设生命周期的冲突管理研究［D］.沈阳:沈阳建筑
大学,2013.

［224］董智琼.基于项目团队生命周期的工程项目团队冲突研究［D］.天津:天津
理工大学,2008.

［225］郑东华.工程项目内部冲突管理理论研究及其运用［D］.长沙:湖南大
学,2007.

［226］杜亚灵,尹贻林.基于治理结构创新的公共项目管理绩效改善研究:以深圳
地铁 5 号线 BT 工程为例［J］.建筑经济,2010,31(4):66-70.

［227］王清晓.契约治理与关系治理耦合的供应链知识协同机理研究［J］.中国商
论,2015(16):165-168.

［228］周茵,庄贵军,王非.破解投机渠道的恶性循环:合同治理与关系治理的权
变模型［J］.西安交通大学学报(社会科学版),2015,35(1):40-47.

［229］朱沆,何轩.家族企业的关系治理与正式治理:相互控制的视角［J］.中大管
理研究,2007,2(4):19-32.

［230］邓娇娇.公共项目契约治理与关系治理的整合及其治理机理研究［D］.天
津:天津大学,2013.

［231］严玲,邓娇娇,吴绍艳.临时性组织中关系治理机制核心要素的本土化研究
［J］.管理学报,2014,11(6):906-914.

［232］严玲,邓娇娇,邓新位.公共项目治理评价的定量化研究［J］.工程管理学
报,2014,28(3):84-88.

［233］董维维,庄贵军.关系治理的本质解析［J］.软科学,2012,26(9):133-137.

［234］李敏,李良智.关系治理研究述评［J］.当代财经,2012(12):86-91.

［235］王颖,王方华.关系治理中关系规范的形成及治理机理研究［J］.软科学,
2007,21(2):67-70.

［236］GILLET V, MCKAY J, KEREMANE G. Moving from local to State water
governance to resolve a local conflict between irrigated agriculture and
commercial forestry in South Australia［J］. Journal of Hydrology, 2014,
519: 2456-2467.

[237] CUVELIER J, VLASSENROOT K, OLIN N. Resources, conflict and governance: a critical review[J]. The Extractive Industries and Society, 2014, 1(2): 340-350.

[238] OWUSU G, OTENG-ABABIO M, AFUTU-KOTEY R L. Conflicts and governance of landfills in a developing country city, Accra[J]. Landscape and Urban Planning, 2012, 104(1): 105-113.

[239] GLENN J C, GORDON T J. Governance and conflict developments collected in round 1 of the millennium project 1996 look-out study[J]. Technological Forecasting and Social Change, 1997, 54(1): 99-110.

[240] 马新建.冲突管理:基本理念与思维方法的研究[J].大连理工大学学报(社会科学版),2002,23(3):19-25.

[241] 方玉红.冲突管理、团队绩效以及工作满意度的研究[J].浙江金融,2006(9):56-57.

[242] 王晶晶,张浩.冲突管理策略理论述评[J].经济与社会发展,2007,5(10):61-64.

[243] 黄萍.组织内部的冲突管理[J].西南民族大学学报(人文社会科学版),2006,27(11):157-159.

[244] 常健,张春颜.社会冲突管理中的冲突控制与冲突化解[J].南开学报(哲学社会科学版),2012(6):74-85.

[245] MAGRATH J A, HARDY G K. A strategic framework for diagnosing manufacture-reseller conflict [R]. Cambridge, MA: Marketing Science Institute, 1988.

[246] HARDY K G, MAGRATH A J. Ten ways for manufacturers to improve distribution management[J]. Business Horizons, 1988, 31(6): 65-69.

[247] 王卓甫,张显成,丁继勇.项目管理与项目治理的辨析[J].工程管理学报,2014,28(6):102-106.

后 记

随着时代的发展,项目冲突问题已开始引起人们的重视。美国最新版的《项目管理知识体系指南》(第7版)已将冲突管理方面的内容列入其中,国内虽然已有学者开展研究,但是人数较少,发展缓慢。为了促进项目冲突研究的发展,我在该领域做了一些工作,多年来,取得一些成果,本书即为近几年的其中一项成果。

本书以治理理论作为切入点,研究冲突治理—管理—项目绩效之间的内在联系。事实上,这也是工程业界人士最为关心的问题,研究成果大体可以给出答案。本书的成果体现在以下两个方面:一是内容方面,项目冲突管理研究对实际的项目管理具有重要意义,尤以改善项目绩效为甚;二是研究思路方面,治理—管理—结果,这样的研究思路普遍存在于社会科学中。我希望本书采用的研究方法可以为其他研究课题提供借鉴。

本书的写作得到业内学者的指导和帮助,其中南京航空航天大学李南教授对本书的修改和完善提出了许多宝贵意见,在此表示衷心的感谢。感谢我的供职单位——浙江广厦建设职业技术大学为本书的出版提供了资助,感谢学校各级领导对本书出版的大力支持。最后,我还要感谢我的家人,是他们多年来付出良多,支持我在学术上探索,将此书献给他们。

唐冰松

2022 年 6 月